ZEITFLUSS VERLAG

W0219341

PETER LANGE

DAS ULTIMATIVE DATE-NIGHT DUELLBUCH FÜR PAARE

ZAHLREICHE HUMORVOLLE, KREATIVE UND FRECHE CHALLENGES FÜR ALLE, DIE SICH LIEBEN, ABER TROTZDEM GEWINNEN WOLLEN.

Inhalt

Willkommen im Duell:
Warum Verlieren auch (ein kleines bisschen) wehtun darf

Willkommen in der gnadenlosesten Arena der Liebe – dem epischen Schlachtfeld der Zweisamkeit. Hier zählt nicht nur, **wer mehr weiß, besser schätzt** oder **schöner malt.** Nein, hier zählt auch, **wer sich besser verkaufen kann, weniger schämt** – und notfalls einfach dreister blufft.

Denn dies ist nicht irgendein Spielbuch.

Dies ist **eine Arena, in der Paare sich liebevoll zerfleischen dürfen**, während sie sich gleichzeitig näherkommen als bei einem Netflix-Marathon mit gemeinsamer Zahnbürste.

Ihr tretet an, um zu siegen – oder wenigstens, um dem anderen ein bisschen auf die Nerven zu gehen.

Wer verliert, muss sich trotzdem zusammenreißen und charmant lächeln, denn: Man kann hier gar nicht richtig verlieren. (Außer vielleicht den letzten Rest Selbstachtung beim Grimassen-Wettbewerb.)

Und selbst wenn du am Ende mit zwei Punkten Rückstand dastehst, weißt du:

Du hast gelacht.

Du hast geschwitzt.

Du hast möglicherweise die dunkelsten Geheimnisse deines Gegenübers erfahren.

Und du hast – ganz nebenbei – mal wieder gespürt, warum ihr überhaupt zusammen seid.

Also: **Schärft eure Stifte. Zückt euer Herz. Und macht euch bereit für 50 liebevolle Machtkämpfe.**

Möge der oder die Charmantere gewinnen.

Oder der/die, der/die einfach frecher schummelt.

So funktioniert euer 1-gegen-1-Spielbuch

Das Buch ist euer Spielfeld. Und ihr seid die Spieler:innen.

- Legt das Buch **quer aufgeklappt** vor euch hin.
- Jede Person bekommt eine Seite – **du links, dein:e Partner:in rechts.**
- Jedes Spiel ist aufgeteilt: gleiche Aufgabe, aber individuell angepasst.
- Schreibt, rätselt, zeichnet oder flirtet direkt auf die Seiten – **ihr braucht nur einen Stift (und manchmal euer Handy).**
- Am Ende jedes Spiels: Punkte eintragen, vergleichen, weiterduellieren!

Das Ziel: Gemeinsam 50 Spiele erleben – und herausfinden, wer von euch das ultimative Paar-Duell gewinnt!

Punktevergabe – fair & spaßig

Ganz einfach – ganz charmant:

- **Der/die Sieger:in eines Spiels bekommt 3 Punkte.**
- **Der/die Unterlegene bekommt 2 Punkte.**
- Kein Drama, kein Leerlauf **– immer Punkte für Einsatz und Spaß.**

Euer großes Liebes-Scoreboard

Hier könnt ihr am Ende (oder zwischendurch) euren **aktuellen Punktestand** eintragen:

SPIELNUMMER	PUNKTE SPIELER:IN A	PUNKTE SPIELER:IN B
Spiel 1		
Spiel 2		
Spiel 3		
Spiel 4		
Spiel 5		
Spiel 6		
Spiel 7		
Spiel 8		
Spiel 9		
Spiel 10		
Spiel 11		
Spiel 12		

SPIELNUMMER	PUNKTE SPIELER:IN A	PUNKTE SPIELER:IN B
Spiel 13		
Spiel 14		
Spiel 15		
Spiel 16		
Spiel 17		
Spiel 18		
Spiel 19		
Spiel 20		
Spiel 21		
Spiel 22		
Spiel 23		
Spiel 24		
GESAMT		

Wunsch-Date als Belohnungsidee

Am Ende wartet ein kleines Highlight:

Die Person mit den meisten Punkten bekommt ein selbst gestaltetes Wunsch-Date. Ohne Diskussion. Ohne Ausreden. Ohne Flucht in den Kalender. Tragt eure **Wunsch-Date-Vereinbarung** hier ein:

Ich wünsche mir von dir:

____

Bis spätestens (Datum):

____

Abgemacht?

Ja ♡ Nein ♡ (aber wehe!)

SPIEL 1: WER KENNT WEN BESSER?

1. Einleitung

Wer behauptet, dich zu lieben, sollte dich wenigstens ein bisschen kennen – oder?

In diesem Spiel geht es ans Eingemachte: Fakten, Vorlieben, kleine Schrullen und große Gefühle.

Doch Achtung: Die Fragen sind tückisch. Nicht jede Antwort ist so offensichtlich, wie sie scheint. Und nicht jede Erinnerung ist gleich abgespeichert…

Also: **Wie gut kennt dich dein Gegenüber wirklich – oder hat er/sie all die Jahre nur genickt und „Mhm" gesagt?**

Zeit, das herauszufinden.

2. Spielbeschreibung

So geht's:

- ♥ Jede:r schreibt die Antwort **auf fünf persönliche Fragen** zuerst aus der eigenen Perspektive auf (linkes Feld).
- ♥ Danach beantwortest du **die gleichen Fragen, wie du denkst, dass dein:e Partner:in sie beantworten würde**(rechtes Feld).
- ♥ Und umgekehrt genauso!

Ziel: So viele Übereinstimmungen wie möglich – je besser ihr euch kennt, desto mehr Punkte.

3. Bewertung

- ♥ Pro richtiger Übereinstimmung: 1 Punkt
- ♥ Maximal: 5 Punkte pro Person
- ♥ Der/die Spieler:in mit den meisten Treffern bekommt 3 Punkte, der/die andere 2 Punkte

✎ Wenn beide gleich viele Treffer haben: Je 2,5 Punkte – und High Five für die Seelenverwandtschaft!

Und los gehts……3….2…1

SPIEL 1: WER KENNT WEN BESSER?

1. Einleitung

Wer behauptet, dich zu lieben, sollte dich wenigstens ein bisschen kennen – oder?

In diesem Spiel geht es ans Eingemachte: Fakten, Vorlieben, kleine Schrullen und große Gefühle.

Doch Achtung: Die Fragen sind tückisch. Nicht jede Antwort ist so offensichtlich, wie sie scheint. Und nicht jede Erinnerung ist gleich abgespeichert...

Also: **Wie gut kennt dich dein Gegenüber wirklich – oder hat er/sie all die Jahre nur genickt und „Mhm" gesagt?**

Zeit, das herauszufinden.

2. Spielbeschreibung

So geht's:

- Jede:r schreibt die Antwort **auf fünf persönliche Fragen** zuerst aus der eigenen Perspektive auf (linkes Feld).
- Danach beantwortest du **die gleichen Fragen, wie du denkst, dass dein:e Partner:in sie beantworten würde**(rechtes Feld).
- Und umgekehrt genauso!

Ziel: So viele Übereinstimmungen wie möglich – je besser ihr euch kennt, desto mehr Punkte.

3. Bewertung

- Pro richtiger Übereinstimmung: 1 Punkt
- Maximal: 5 Punkte pro Person
- Der/die Spieler:in mit den meisten Treffern bekommt 3 Punkte, der/die andere 2 Punkte

✎ Wenn beide gleich viele Treffer haben: Je 2,5 Punkte – und High Five für die Seelenverwandtschaft!

Und los gehts......3....2...1

Wahrheit oder Wissenslücke?

Deine echten Antworten:

1. Mein Lieblingsessen ist: ....

2. Das peinlichste, was mir je passiert ist: ....

3. Mein Lieblingslied aller Zeiten: ....

4. Wenn ich einen Tag unsichtbar wäre, würde ich:

   ....

5. Mein absoluter Albtraumurlaub wäre: ....

Was denkt dein:e Partner:in über dich?

1. Er/Sie denkt, mein Lieblingsessen ist: ....

2. Er/Sie würde sagen, das Peinlichste war: ....

3. Er/Sie tippt beim Lieblingslied auf: ....

4. Unsichtbar? Er/Sie glaubt, ich würde: ....

5. Laut ihm/ihr wäre mein Horrorurlaub: ....

Wer hat gewonnen?

♡ Spieler:in A ♡ Spieler:in B

Wahrheit oder Wissenslücke?

Deine echten Antworten:

1. Mein Lieblingsessen ist: ....
2. Das peinlichste, was mir je passiert ist: ....
3. Mein Lieblingslied aller Zeiten: ....
4. Wenn ich einen Tag unsichtbar wäre, würde ich:
   ....
5. Mein absoluter Albtraumurlaub wäre: ....

Was denkt dein:e Partner:in über dich?

1. Er/Sie denkt, mein Lieblingsessen ist: ....
2. Er/Sie würde sagen, das Peinlichste war: ....
3. Er/Sie tippt beim Lieblingslied auf: ....
4. Unsichtbar? Er/Sie glaubt, ich würde: ....
5. Laut ihm/ihr wäre mein Horrorurlaub: ....

Wer hat gewonnen?

♡ Spieler:in A ♡ Spieler:in B

SPIEL 2: WAS WÜRDEST DU TUN, WENN...?

1. Einleitung

Man sagt ja: Liebe zeigt sich in den kleinen Dingen – und in den völlig absurden Was-wäre-wenn-Situationen.

Dieses Spiel bringt euch genau dahin: in erfundene Alltagsszenarien, peinliche Fantasien und Notfall-Momente.

Würdest du wissen, was dein:e Partner:in tut, wenn plötzlich ein Lama im Wohnzimmer steht? Oder wenn die Ex/der Ex nackt vor der Tür steht?

Hier zählt nicht, was realistisch ist – sondern, wie gut ihr das Bauchgefühl des anderen kennt. Und wie schräg ihr dabei denken könnt.

2. Spielbeschreibung

So geht's:

- Beide lesen jeweils 5 fantasievolle Szenarien.
- Zuerst beantwortest du sie für dich selbst – was würdest DU tun?
- Danach beantwortest du die gleiche Frage so, wie du glaubst, dass dein:e Partner:in sie beantworten würde.
- Dann wird verglichen: Gibt es Übereinstimmungen?

Ziel: Gleich denken – oder kreativ danebenliegen. Beides bringt Punkte (und Lacher).

3. Bewertung

- 1 Punkt pro richtiger Übereinstimmung (max. 5 pro Person)
- Person mit den meisten Treffern = 3 Punkte, andere = 2 Punkte
- Gleichstand = je 2,5 Punkte

Und los gehts......3....2...1

SPIEL 2: WAS WÜRDEST DU TUN, WENN...?

1. Einleitung

Man sagt ja: Liebe zeigt sich in den kleinen Dingen – und in den völlig absurden Was-wäre-wenn-Situationen.

Dieses Spiel bringt euch genau dahin: in erfundene Alltagsszenarien, peinliche Fantasien und Notfall-Momente.

Würdest du wissen, was dein:e Partner:in tut, wenn plötzlich ein Lama im Wohnzimmer steht? Oder wenn die Ex/der Ex nackt vor der Tür steht?

Hier zählt nicht, was realistisch ist – sondern, wie gut ihr das Bauchgefühl des anderen kennt. Und wie schräg ihr dabei denken könnt.

2. Spielbeschreibung

So geht's:

- Beide lesen jeweils 5 fantasievolle Szenarien.
- Zuerst beantwortest du sie für dich selbst – was würdest DU tun?
- Danach beantwortest du die gleiche Frage so, wie du glaubst, dass dein:e Partner:in sie beantworten würde.
- Dann wird verglichen: Gibt es Übereinstimmungen?

Ziel: Gleich denken – oder kreativ danebenliegen. Beides bringt Punkte (und Lacher).

3. Bewertung

- 1 Punkt pro richtiger Übereinstimmung (max. 5 pro Person)
- Person mit den meisten Treffern = 3 Punkte, andere = 2 Punkte
- Gleichstand = je 2,5 Punkte

Und los gehts......3....2...1

Was würdest DU tun?

1. Du bekommst versehentlich einen Liebesbrief von jemand anderem. Was machst du?

   ....

2. Dein:e Ex steht nackt vor der Tür – was tust du wirklich?

   ....

3. Du gewinnst 10.000 € in bar – und ich bin gerade nicht da. Was passiert mit dem Geld?

   ....

4. Jemand flirtet heftig mit dir auf einer Party – wie reagierst du?

   ....

5. Ein Lama läuft durch unser Wohnzimmer. Was tust du als Erstes?

   ....

Was denkt dein:e Partner:in, wie du handeln würdest?

1. Er/Sie würde sagen, ich tue ....
2. Er/Sie denkt, ich würde: ....
3. Laut ihm/ihr mache ich mit dem Geld: ....
4. Er/Sie vermutet, ich reagiere so: ....
5. Er/Sie glaubt, ich würde: ....

Wer hat gewonnen?

♡ Spieler:in A ♡ Spieler:in B

Was würdest DU tun?

1. Du bekommst versehentlich einen Liebesbrief von jemand anderem. Was machst du?

   ....

2. Dein:e Ex steht nackt vor der Tür – was tust du wirklich?

   ....

3. Du gewinnst 10.000 € in bar – und ich bin gerade nicht da. Was passiert mit dem Geld?

   ....

4. Jemand flirtet heftig mit dir auf einer Party – wie reagierst du?

   ....

5. Ein Lama läuft durch unser Wohnzimmer. Was tust du als Erstes?

   ....

Was denkt dein:e Partner:in, wie du handeln würdest?

1. Er/Sie würde sagen, ich tue ....
2. Er/Sie denkt, ich würde: ....
3. Laut ihm/ihr mache ich mit dem Geld: ....
4. Er/Sie vermutet, ich reagiere so: ....
5. Er/Sie glaubt, ich würde: ....

Wer hat gewonnen?

♡ Spieler:in A ♡ Spieler:in B

SPIEL 3: LIEBLINGSDINGERRATEN – TREFFER ODER TOTAL DANEBEN?

1. **Einleitung**

   Lieblingstier. Lieblingsessen. Lieblingslied. Klar, das weiß man doch – oder?

   Dieses Spiel beweist: Manchmal ist man sich sicher, und liegt trotzdem himmelweit daneben.

   Denn Vorlieben ändern sich. Oder waren nie das, was du dachtest.

   Zeit, das zu testen: Wie gut kennst du die Geschmackswelt deines Partners, und wie sehr geht dein eigener Lieblingskaffee ihm/ihr eigentlich am Popo vorbei?

2. **Spielbeschreibung**

   So geht's:

   - Jede:r beantwortet fünf Lieblingsfragen für sich selbst.
   - Danach schätzt ihr gegenseitig, was der/die andere wohl geschrieben hat.
   - Danach wird aufgedeckt – Treffer oder peinlicher Irrtum?

   Ziel: Nicht nur wissen, was dein:e Partner:in mag – sondern auch was sie glauben, was du glaubst, was sie mögen. Einfach, oder?

3. **Bewertung**

   - 1 Punkt pro richtiger Übereinstimmung (exakt oder sehr ähnlich)
   - Maximal 5 Punkte pro Person
   - Wer mehr Treffer hat, bekommt 3 Punkte, der/die andere 2 Punkte
   - Bei Gleichstand: je 2,5 Punkte

Und los gehts……3….2…1

SPIEL 3: LIEBLINGSDINGERRATEN – TREFFER ODER TOTAL DANEBEN?

1. **Einleitung**

   Lieblingstier. Lieblingsessen. Lieblingslied. Klar, das weiß man doch – oder?

   Dieses Spiel beweist: Manchmal ist man sich sicher, und liegt trotzdem himmelweit daneben.

   Denn Vorlieben ändern sich. Oder waren nie das, was du dachtest.

   Zeit, das zu testen: Wie gut kennst du die Geschmackswelt deines Partners, und wie sehr geht dein eigener Lieblingskaffee ihm/ihr eigentlich am Popo vorbei?

2. **Spielbeschreibung**

   So geht's:

   - Jede:r beantwortet fünf Lieblingsfragen für sich selbst.
   - Danach schätzt ihr gegenseitig, was der/die andere wohl geschrieben hat.
   - Danach wird aufgedeckt – Treffer oder peinlicher Irrtum?

   Ziel: Nicht nur wissen, was dein:e Partner:in mag – sondern auch was sie glauben, was du glaubst, was sie mögen. Einfach, oder?

3. **Bewertung**

   - 1 Punkt pro richtiger Übereinstimmung (exakt oder sehr ähnlich)
   - Maximal 5 Punkte pro Person
   - Wer mehr Treffer hat, bekommt 3 Punkte, der/die andere 2 Punkte
   - Bei Gleichstand: je 2,5 Punkte

Und los gehts……3….2…1

Deine echten Vorlieben:

1. Lieblingsgetränk:

   ....

2. Lieblingsseriencharakter:

   ....

3. Lieblingsjahreszeit:

   ....

4. Lieblingsgericht zum Frühstück:

   ....

5. Lieblingsgeräusch:

   ....

Was denkt dein:e Partner:in, was du magst?

1. Er/Sie tippt auf: ....
2. Er/Sie würde sagen: ....
3. Er/Sie glaubt: ....
4. Er/Sie denkt, du wählst: ....
5. Seine/Ihre Schätzung: ....

Wer hat gewonnen?

♡ Spieler:in A ♡ Spieler:in B

Deine echten Vorlieben:

1. Lieblingsgetränk:

....

2. Lieblingsseriencharakter:

....

3. Lieblingsjahreszeit:

....

4. Lieblingsgericht zum Frühstück:

....

5. Lieblingsgeräusch:

....

Was denkt dein:e Partner:in, was du magst?

1. Er/Sie tippt auf: ....
2. Er/Sie würde sagen: ....
3. Er/Sie glaubt: ....
4. Er/Sie denkt, du wählst: ....
5. Seine/Ihre Schätzung: ....

Wer hat gewonnen?

♡ **Spieler:in A** ♡ **Spieler:in B**

SPIEL 4: PARTNER-ABC

1. **Einleitung**

Wenn eure Beziehung ein Lexikon wäre, stünde unter „A" wahrscheinlich „Anziehung", unter „B" vielleicht „Bananenbrot" – oder „Beziehungsarbeit".

Aber was passiert, wenn man einmal von A bis Z durchbuchstabiert, was einem spontan zum anderen einfällt? Genau:

Ein ehrlicher, lustiger, manchmal chaotischer Liebes-Check.

Denn zwischen „E wie Ehrgeiz" und „Z wie Zahnpastastreit" steckt oft mehr Wahrheit, als man denkt.

2. **Spielbeschreibung**

So geht's:

- Fülle für jeden Buchstaben des Alphabets **ein Wort oder eine Assoziation ein, die du mit deinem/deiner Partner:in verbindest.**
- Danach liest dein:e Partner:in dein Alphabet laut vor – und kreuzt an, was **er/sie als treffend empfindet – oder total daneben findet.**

Ziel: Kreativ, spontan und liebevoll schreiben – und möglichst viele Treffer landen!

3. **Bewertung**

- **1 Punkt pro „Treffer"** (wenn dein:e Partner:in zustimmt: „Ja, das passt zu mir!")
- **Maximal 26 Punkte möglich (1 pro Buchstabe)**
- **Wer mehr Übereinstimmungen hat, bekommt 3 Punkte,** der/die andere 2 Punkte
- Gleichstand = je 2,5 Punkte

Bei extrem albernen Antworten darf der Humor als Bonus zählen – wenn beide lachen, gibt's Ehrenpunkte (aber nur im Herzen)

Und los gehts......3....2...1

SPIEL 4: PARTNER-ABC

1. **Einleitung**

   Wenn eure Beziehung ein Lexikon wäre, stünde unter „A“ wahrscheinlich „Anziehung“, unter „B“ vielleicht „Bananenbrot“ – oder „Beziehungsarbeit“.

   Aber was passiert, wenn man einmal von A bis Z durchbuchstabiert, was einem spontan zum anderen einfällt? Genau:

   Ein ehrlicher, lustiger, manchmal chaotischer Liebes-Check.

   Denn zwischen „E wie Ehrgeiz“ und „Z wie Zahnpastastreit“ steckt oft mehr Wahrheit, als man denkt.

2. **Spielbeschreibung**

   So geht's:

   - ♥ Fülle für jeden Buchstaben des Alphabets **ein Wort oder eine Assoziation ein, die du mit deinem/deiner Partner:in verbindest.**
   - ♥ Danach liest dein:e Partner:in dein Alphabet laut vor – und kreuzt an, was **er/sie als treffend empfindet – oder total daneben findet.**

   Ziel: Kreativ, spontan und liebevoll schreiben – und möglichst viele Treffer landen!

3. **Bewertung**

   - ♥ **1 Punkt pro „Treffer“** (wenn dein:e Partner:in zustimmt: „Ja, das passt zu mir!“)
   - ♥ **Maximal 26 Punkte möglich (1 pro Buchstabe)**
   - ♥ **Wer mehr Übereinstimmungen hat, bekommt 3 Punkte,** der/die andere 2 Punkte
   - ♥ Gleichstand = je 2,5 Punkte

   Bei extrem albernen Antworten darf der Humor als Bonus zählen – wenn beide lachen, gibt's Ehrenpunkte (aber nur im Herzen)

   Und los gehts......3....2...1

Dein Partner:innen-ABC _ von A bis Z

BUCHSTABE	WAS MIR ZU DIR EINFÄLLT	PARTNER:IN SAGT:	
		JA!	HÄH?
A		☐	☐
B		☐	☐
C		☐	☐
D		☐	☐
E		☐	☐
F		☐	☐
G		☐	☐
H		☐	☐
I		☐	☐
J		☐	☐
K		☐	☐
L		☐	☐
M		☐	☐

BUCHSTABE	WAS MIR ZU DIR EINFÄLLT	PARTNER:IN SAGT:	
		JA!	HÄH?
N		☐	☐
O		☐	☐
P		☐	☐
Q		☐	☐
R		☐	☐
S		☐	☐
T		☐	☐
U		☐	☐
V		☐	☐
W		☐	☐
X		☐	☐
Y		☐	☐
Z		☐	☐

Treffer insgesamt (☐ Ja!): ....

Wer hat gewonnen?

♡ Spieler:in A ♡ Spieler:in B

Dein Partner:innen-ABC _ von A bis Z

BUCHSTABE	WAS MIR ZU DIR EINFÄLLT	PARTNER:IN SAGT:	
		JA!	HÄH?
A		☐	☐
B		☐	☐
C		☐	☐
D		☐	☐
E		☐	☐
F		☐	☐
G		☐	☐
H		☐	☐
I		☐	☐
J		☐	☐
K		☐	☐
L		☐	☐
M		☐	☐

BUCHSTABE	WAS MIR ZU DIR EINFÄLLT	PARTNER:IN SAGT:	
		JA!	HÄH?
N		☐	☐
O		☐	☐
P		☐	☐
Q		☐	☐
R		☐	☐
S		☐	☐
T		☐	☐
U		☐	☐
V		☐	☐
W		☐	☐
X		☐	☐
Y		☐	☐
Z		☐	☐

Treffer insgesamt (☐ Ja!): ....

Wer hat gewonnen?

♡ Spieler:in A ♡ Spieler:in B

SPIEL 5: ERINNERUNGS-BINGO

1. Einleitung

Jede Beziehung ist voll von kleinen, großen, seltsamen, romantischen oder einfach peinlichen Momenten.

Aber: Wer erinnert sich eigentlich besser an euer erstes Treffen? An den schlechtesten Kinofilm? An den Moment, in dem alles anders wurde?

Dieses Spiel ist euer ganz persönlicher Flashback – aber mit Wettbewerb.

Denn hier geht's nicht um Gefühle allein – sondern um **Treffer. Erinnerungen. Fakten. Und Reaktionen wie: "Echt? DAS war unser erstes Lied?"**

2. Spielbeschreibung

So geht's:

- ♥ Jede:r füllt **ein Bingo-Raster mit Erinnerungs-Stichpunkten** aus (z. B. „Erstes Urlaubsziel", „Peinlichster Moment", „Lachanfall hoch 10").
- ♥ Danach tragt ihr eure jeweilige Erinnerung zu jedem Feld ein.
- ♥ Anschließend lest ihr euch gegenseitig eure Bingo-Antworten vor – und prüft, ob ihr **das Gleiche meint.**

Ziel: So viele Übereinstimmungen wie möglich!

Es zählt die gleiche Erinnerung – oder eine sehr ähnliche Interpretation des Moments.

3. Bewertung

- ♥ **1 Punkt pro Übereinstimmung** (gleicher Moment, gleiche Geschichte oder sehr nah dran)
- ♥ **Max. 9 Punkte möglich**
- ♥ **Wer mehr Übereinstimmungen hat, bekommt 3 Punkte,** andere:r 2 Punkte
- ♥ Gleichstand = je 2,5 Punkte

Und los gehts......3....2...1

SPIEL 5: ERINNERUNGS-BINGO

1. **Einleitung**

Jede Beziehung ist voll von kleinen, großen, seltsamen, romantischen oder einfach peinlichen Momenten.

Aber: Wer erinnert sich eigentlich besser an euer erstes Treffen? An den schlechtesten Kinofilm? An den Moment, in dem alles anders wurde?

Dieses Spiel ist euer ganz persönlicher Flashback – aber mit Wettbewerb.

Denn hier geht's nicht um Gefühle allein – sondern um **Treffer. Erinnerungen. Fakten. Und Reaktionen wie: "Echt? DAS war unser erstes Lied?"**

2. **Spielbeschreibung**

So geht's:

- Jede:r füllt **ein Bingo-Raster mit Erinnerungs-Stichpunkten** aus (z. B. „Erstes Urlaubsziel", „Peinlichster Moment", „Lachanfall hoch 10").
- Danach tragt ihr eure jeweilige Erinnerung zu jedem Feld ein.
- Anschließend lest ihr euch gegenseitig eure Bingo-Antworten vor – und prüft, ob ihr **das Gleiche meint.**

Ziel: So viele Übereinstimmungen wie möglich!
Es zählt die gleiche Erinnerung – oder eine sehr ähnliche Interpretation des Moments.

3. **Bewertung**

- **1 Punkt pro Übereinstimmung** (gleicher Moment, gleiche Geschichte oder sehr nah dran)
- **Max. 9 Punkte möglich**
- **Wer mehr Übereinstimmungen hat, bekommt 3 Punkte,** andere:r 2 Punkte
- Gleichstand = je 2,5 Punkte

Und los gehts......3....2...1

Deine Erinnerungs-Bingo-Felder

1. UNSER ERSTES GEMEINSAMES LIED	2. DER PEINLICHSTE MOMENT ZU ZWEIT	3. UNSER SCHLIMMSTER STREIT
4. DER WITZIGSTE LACHANFALL	5. ERSTER KUSS – WO & WIE?	6. BESTER SPONTANER AUSFLUG
7. EIN FILM, DEN WIR GEHASST HABEN	8. EIN DATE, DAS (FAST) SCHIEFGING	9. GEMEINSAMES LIEBLINGSGERICHT

Wer hat gewonnen?

♡ Spieler:in A ♡ Spieler:in B

Deine Erinnerungs-Bingo-Felder

1. UNSER ERSTES GEMEINSAMES LIED	2. DER PEINLICHSTE MOMENT ZU ZWEIT	3. UNSER SCHLIMMSTER STREIT
4. DER WITZIGSTE LACHANFALL	5. ERSTER KUSS – WO & WIE?	6. BESTER SPONTANER AUSFLUG
7. EIN FILM, DEN WIR GEHASST HABEN	8. EIN DATE, DAS (FAST) SCHIEFGING	9. GEMEINSAMES LIEBLINGSGERICHT

Wer hat gewonnen?

♡ Spieler:in A ♡ Spieler:in B

SPIEL 6: ZUKUNFTS-VISION

1. **Einleitung**

   Redet ihr manchmal über später? Über Kinder, Kaffeeküchen, Karibikurlaub oder Kaktussammlung?

   Egal ob ernst oder spielerisch – unsere Vorstellung von „morgen“ verrät viel über unser „heute“.

   In diesem Spiel geht's um eure Zukunft – oder zumindest darum, wie ihr glaubt, dass der andere sie sieht.

   Und wenn dabei rauskommt, dass einer auf Island-Schafe und der andere auf Berliner Dachwohnungen hofft: Auch das ist Liebe. Nur mit Kompromissen.

2. **Spielbeschreibung**

   So geht's:

   - Jede:r beantwortet **5 Zukunftsfragen** aus der eigenen Sicht: ehrlich, fantasievoll oder praktisch.
   - Danach versucht der/die andere, **vorherzusagen**, was du geantwortet hast.
   - Am Ende wird aufgedeckt – und Punkte verteilt, je nachdem, wie gleich ihr denkt.

   Ziel: Gleiche Visionen – oder überraschende Erkenntnisse?

3. **Bewertung**

   - **1 Punkt pro Übereinstimmung** (Antwort sehr ähnlich oder identisch)
   - **Maximal 5 Punkte pro Person**
   - **Wer mehr Übereinstimmungen hat, erhält 3 Punkte,** der/die andere 2 Punkte
   - Gleichstand = je 2,5 Punkte

   Und los gehts……3….2…1

SPIEL 6: ZUKUNFTS-VISION

1. **Einleitung**

Redet ihr manchmal über später? Über Kinder, Kaffeeküchen, Karibikurlaub oder Kaktussammlung?

Egal ob ernst oder spielerisch – unsere Vorstellung von „morgen“ verrät viel über unser „heute“.

In diesem Spiel geht's um eure Zukunft – oder zumindest darum, wie ihr glaubt, dass der andere sie sieht.

Und wenn dabei rauskommt, dass einer auf Island-Schafe und der andere auf Berliner Dachwohnungen hofft: Auch das ist Liebe. Nur mit Kompromissen.

2. **Spielbeschreibung**

So geht's:

- ♥ Jede:r beantwortet **5 Zukunftsfragen** aus der eigenen Sicht: ehrlich, fantasievoll oder praktisch.
- ♥ Danach versucht der/die andere, **vorherzusagen**, was du geantwortet hast.
- ♥ Am Ende wird aufgedeckt – und Punkte verteilt, je nachdem, wie gleich ihr denkt.

Ziel: Gleiche Visionen – oder überraschende Erkenntnisse?

3. **Bewertung**

- ♥ **1 Punkt pro Übereinstimmung** (Antwort sehr ähnlich oder identisch)
- ♥ **Maximal 5 Punkte pro Person**
- ♥ **Wer mehr Übereinstimmungen hat, erhält 3 Punkte,** der/die andere 2 Punkte
- ♥ Gleichstand = je 2,5 Punkte

Und los gehts......3....2...1

Meine Zukunftsvision (ehrlich oder utopisch):

1. In 10 Jahren lebe ich am liebsten in: ....
2. Ich stelle mir unser Wochenende in 5 Jahren so vor: ....
3. In meinem idealen Alltag der Zukunft **darf diese eine Sache nicht** fehlen:

   ....
4. Wenn ich einen Job frei wählen dürfte – ohne Geldsorgen – wäre es:

   ....
5. Das erste größere gemeinsame Projekt, das ich mir wünsche, ist:

   ....

Was denkt dein:e Partner:in, was du geantwortet hast?

1. Er/Sie würde sagen: ....
2. Er/Sie tippt auf: ....
3. Er/Sie glaubt: ....
4. Er/Sie schätzt: ....
5. Er/Sie denkt: ....

Wer hat gewonnen?

♡ **Spieler:in A** ♡ **Spieler:in B**

Meine Zukunftsvision (ehrlich oder utopisch):

1. In 10 Jahren lebe ich am liebsten in: ....
2. Ich stelle mir unser Wochenende in 5 Jahren so vor: ....
3. In meinem idealen Alltag der Zukunft **darf diese eine Sache nicht** fehlen:
   ....
4. Wenn ich einen Job frei wählen dürfte – ohne Geldsorgen – wäre es:
   ....
5. Das erste größere gemeinsame Projekt, das ich mir wünsche, ist:
   ....

Was denkt dein:e Partner:in, was du geantwortet hast?

1. Er/Sie würde sagen: ....
2. Er/Sie tippt auf: ....
3. Er/Sie glaubt: ....
4. Er/Sie schätzt: ....
5. Er/Sie denkt: ....

Wer hat gewonnen?

♡ **Spieler:in A** ♡ **Spieler:in B**

SPIEL 7: BLINDZEICHNER:INNEN – WER MALT DAS BESSERE CHAOS?

1. **Einleitung**

   Kunst ist subjektiv – besonders, wenn man nicht sehen darf, was man gerade zeichnet.

   In diesem Spiel wird dein Lieblingsmensch zu deiner Muse… oder zu deinem schlimmsten Kritiker.

   Denn du bekommst eine Zeichnen-Anweisung, musst sie blind ausführen – und hoffen, dass dein Kunstwerk nicht aussieht wie ein explodiertes Spiegelei auf Beinen.

   Fazit: Wer blind besser malt, sieht manchmal klarer. Oder einfach lustiger.

2. **Spielbeschreibung**

   So geht's:

   - Jede:r bekommt **3 Zeichenaufgaben**, die blind ausgeführt werden müssen – also: **Augen zu oder abgedeckt**, dann zeichnen!
   - Die Zeichnungen sollen danach bewertet werden – **nicht nach Schönheit**, sondern nach **Trefferquote + Wiedererkennungswert.**
   - Pro Aufgabe darf der/die Partner:in **raten, was es darstellen soll** – und die originellere Zeichnung küren.

   Ziel: Nicht malen wie van Gogh – sondern **möglichst genau (oder herrlich daneben) ins Schwarze treffen.**

3. **Bewertung**

   - **1 Punkt pro erratener Zeichnung**
   - **+1 Bonuspunkt pro „Kunstwertung",** wenn dein:e Partner:in findet, dass dein Bild besser getroffen ist
   - Max. 6 Punkte pro Person (3x Erraten + 3x Besserzeichnen)
   - **Wer mehr Punkte hat, bekommt 3 Punkte, andere:r 2 Punkte**
   - Gleichstand = je 2,5 Punkte

   Und los gehts……3….2…1

SPIEL 7: BLINDZEICHNER:INNEN – WER MALT DAS BESSERE CHAOS?

1. **Einleitung**

   Kunst ist subjektiv – besonders, wenn man nicht sehen darf, was man gerade zeichnet.

   In diesem Spiel wird dein Lieblingsmensch zu deiner Muse… oder zu deinem schlimmsten Kritiker.

   Denn du bekommst eine Zeichnen-Anweisung, musst sie blind ausführen – und hoffen, dass dein Kunstwerk nicht aussieht wie ein explodiertes Spiegelei auf Beinen.

   Fazit: Wer blind besser malt, sieht manchmal klarer. Oder einfach lustiger.

2. **Spielbeschreibung**

   So geht's:

   - Jede:r bekommt **3 Zeichenaufgaben**, die blind ausgeführt werden müssen – also: **Augen zu oder abgedeckt**, dann zeichnen!
   - Die Zeichnungen sollen danach bewertet werden – **nicht nach Schönheit**, sondern nach **Trefferquote + Wiedererkennungswert.**
   - Pro Aufgabe darf der/die Partner:in **raten, was es darstellen soll** – und die originellere Zeichnung küren.

   Ziel: Nicht malen wie van Gogh – sondern **möglichst genau (oder herrlich daneben) ins Schwarze treffen.**

3. **Bewertung**

   - **1 Punkt pro erratener Zeichnung**
   - **+1 Bonuspunkt pro „Kunstwertung",** wenn dein:e Partner:in findet, dass dein Bild besser getroffen ist
   - Max. 6 Punkte pro Person (3x Erraten + 3x Besserzeichnen)
   - **Wer mehr Punkte hat, bekommt 3 Punkte, andere:r 2 Punkte**
   - Gleichstand = je 2,5 Punkte

   Und los gehts……3….2…1

Du zeichnest – aber blind!
Zeichne mit geschlossenen Augen (oder verdeckt):

EIN ELEFANT AUF ROLLSCHUHEN	EINE BRATPFANNE MIT SPIEGELEI	EIN BETT MIT KATZE UND KISSEN

Dein:e Partner:in rät:

Ich glaube, das ist:	Ich glaube, das ist:	Ich glaube, das ist: ....
Ich sehe:	Ich sehe:	Ich sehe: ....
Ganz klar:	Ganz klar:	Ganz klar: ....

Wer hat gewonnen?

♡ Spieler:in A ♡ Spieler:in B

Du zeichnest – aber blind!

Zeichne mit geschlossenen Augen (oder verdeckt):

EINEN LÖWE AUF DER COUCH	EINEN DÖNER	EIN SOFA MIT KISSEN DRAUF

Dein:e Partner:in rät:

Ich glaube, das ist:	Ich glaube, das ist:	Ich glaube, das ist: ....
Ich sehe:	Ich sehe:	Ich sehe: ....
Ganz klar:	Ganz klar:	Ganz klar: ....

Wer hat gewonnen?

♡ Spieler:in A ♡ Spieler:in B

SPIEL 8: LIEBESLOGO-DESIGN – EURE BEZIEHUNG ALS WAPPEN

1. **Einleitung**

Was, wenn eure Beziehung ein offizielles Wappen hätte? Ein Logo, das auf den ersten Blick zeigt: Das sind wir!

Zwei Persönlichkeiten, ein Team – manchmal Feuer und Wasser, manchmal Gin und Tonic.

In diesem Spiel geht's nicht um Kunst, sondern um **Symbolkraft, Fantasie – und ein bisschen Größenwahn.**

Denn jede große Geschichte hat ein Wappen. Und eure ist mindestens ein paar Totenköpfe, Herzen, Croissants und Blitzsymbole wert.

2. **Spielbeschreibung**

So geht's:

- Jede:r von euch gestaltet ein persönliches „Liebeslogo" – ein kleines Wappen, das eure Beziehung beschreibt.
- Nutzt Symbole, Muster, kleine Zeichnungen oder Worte, die zu euch passen: z. B. ein Netflix-Sofa, zwei gegabelte Zahnbürsten oder eine sich küssende Katze mit Boxhandschuhen.
- Danach erklärt ihr euch gegenseitig, **was die einzelnen Elemente bedeuten** – und bewertet: **Wessen Design trifft eure Beziehung besser?**

Ziel: Kreativität, Selbsterkenntnis – und ein bisschen Eigenwerbung.

3. **Bewertung**

- **Je 1 Punkt für Originalität, Humor, Symbolkraft, Erkennbarkeit, und Erklärung** (max. 5 Punkte)
- Jede:r bewertet **das Logo des anderen** (ehrlich & fair!)
- Wer mehr Punkte vom Gegenüber bekommt, erhält 3 Punkte – der/die andere 2 Punkte
- Gleichstand: je 2,5 Punkte

Und los gehts......3....2...1

SPIEL 8: LIEBESLOGO-DESIGN – EURE BEZIEHUNG ALS WAPPEN

1. **Einleitung**

   Was, wenn eure Beziehung ein offizielles Wappen hätte? Ein Logo, das auf den ersten Blick zeigt: Das sind wir!

   Zwei Persönlichkeiten, ein Team – manchmal Feuer und Wasser, manchmal Gin und Tonic.

   In diesem Spiel geht's nicht um Kunst, sondern um **Symbolkraft, Fantasie – und ein bisschen Größenwahn.**

   Denn jede große Geschichte hat ein Wappen. Und eure ist mindestens ein paar Totenköpfe, Herzen, Croissants und Blitzsymbole wert.

2. **Spielbeschreibung**

   So geht's:

   - Jede:r von euch gestaltet ein persönliches „Liebeslogo" – ein kleines Wappen, das eure Beziehung beschreibt.
   - Nutzt Symbole, Muster, kleine Zeichnungen oder Worte, die zu euch passen: z. B. ein Netflix-Sofa, zwei gegabelte Zahnbürsten oder eine sich küssende Katze mit Boxhandschuhen.
   - Danach erklärt ihr euch gegenseitig, **was die einzelnen Elemente bedeuten** – und bewertet: **Wessen Design trifft eure Beziehung besser?**

   Ziel: Kreativität, Selbsterkenntnis – und ein bisschen Eigenwerbung.

3. **Bewertung**

   - **Je 1 Punkt für Originalität, Humor, Symbolkraft, Erkennbarkeit, und Erklärung** (max. 5 Punkte)
   - Jede:r bewertet **das Logo des anderen** (ehrlich & fair!)
   - Wer mehr Punkte vom Gegenüber bekommt, erhält 3 Punkte – der/die andere 2 Punkte
   - Gleichstand: je 2,5 Punkte

   Und los gehts......3....2...1

Wer hat gewonnen?

♡ Spieler:in A ♡ Spieler:in B

Wer hat gewonnen?

♡ Spieler:in A ♡ Spieler:in B

SPIEL 9: FANTASIE-KARUSSELL

1. **Einleitung**

   Was wäre, wenn ihr euch in einem Paralleluniversum nie getroffen hättet?

   Oder wenn ihr beide als Roboter euer erstes Date erlebt hättet?

   Oder – noch schlimmer – wenn einer von euch nie Kaffee mögen würde?

   Dieses Spiel ist ein Spaziergang durch die wildesten „Was wäre wenn…?“-Gedanken. Es gibt kein Richtig oder Falsch – nur Fantasie, Reaktionen und Überraschungen.

2. **Spielbeschreibung**

   So geht's:

   - Jede:r bekommt **3 „Was-wäre-wenn“-Szenarien**, die mit eurer Beziehung oder eurer Vorstellungskraft zu tun haben.
   - Ihr beantwortet sie jeweils ehrlich, kreativ oder total absurd – wie's euch gefällt.
   - Danach raten oder beurteilen die Partner:innen, **wie realistisch, witzig oder verrückt** sie das finden.
   - Ein Spiel zum Staunen, Lachen – oder liebevollem Augenrollen.

   Ziel: Euch neu (und völlig anders) denken – und trotzdem zusammen lachen.

3. **Bewertung**

   - Nach jedem Szenario bewertet dein:e Partner:in:
     - **Kreativität** der Antwort
     - **Humor** oder **Tiefe**
     - **„Oh mein Gott, echt jetzt?!“-Faktor**
   - Je Kategorie 1 Punkt (max. 3 pro Szene)
   - Nach allen 3 Szenarien: Punkte zusammenzählen Wer mehr hat, erhält 3 Punkte – der/die andere 2 Punkte
   - Gleichstand = je 2,5 Punkte

   Und los gehts……3….2…1

SPIEL 9: FANTASIE-KARUSSELL

1. Einleitung

Was wäre, wenn ihr euch in einem Paralleluniversum nie getroffen hättet?

Oder wenn ihr beide als Roboter euer erstes Date erlebt hättet?

Oder – noch schlimmer – wenn einer von euch nie Kaffee mögen würde?

Dieses Spiel ist ein Spaziergang durch die wildesten „Was wäre wenn…?"-Gedanken. Es gibt kein Richtig oder Falsch – nur Fantasie, Reaktionen und Überraschungen.

2. Spielbeschreibung

So geht's:

- Jede:r bekommt **3 „Was-wäre-wenn"-Szenarien**, die mit eurer Beziehung oder eurer Vorstellungskraft zu tun haben.
- Ihr beantwortet sie jeweils ehrlich, kreativ oder total absurd – wie's euch gefällt.
- Danach raten oder beurteilen die Partner:innen, **wie realistisch, witzig oder verrückt** sie das finden.
- Ein Spiel zum Staunen, Lachen – oder liebevollem Augenrollen.

Ziel: Euch neu (und völlig anders) denken – und trotzdem zusammen lachen.

3. Bewertung

- Nach jedem Szenario bewertet dein:e Partner:in:
  - **Kreativität** der Antwort
  - **Humor** oder **Tiefe**
  - **„Oh mein Gott, echt jetzt?!"-Faktor**
- Je Kategorie 1 Punkt (max. 3 pro Szene)
- Nach allen 3 Szenarien: Punkte zusammenzählen ▯ Wer mehr hat, erhält 3 Punkte – der/die andere 2 Punkte
- Gleichstand = je 2,5 Punkte

Und los gehts……3….2…1

Szenario 1:

„Was wäre, wenn du 1 Woche lang keine Sprache benutzen dürftest – wie würdest du mir zeigen, dass du mich liebst?"

Antwort: ....

Bewertung (durch anderen Spieler:in):

KREATIVITÄT	HUMOR/TIEFE	WTF-FAKTOR
☐	☐	☐ → ...... /3

Szenario 2:

„Was wäre, wenn wir gemeinsam eine Reality-Show drehen müssten – was wäre der Titel und warum würden alle einschalten?"

Antwort: ....

Bewertung: ...... /3

Szenario 3:

„Was wäre, wenn du mich nie kennengelernt hättest – was hätte dir am meisten gefehlt (auch, wenn's nervt)?"

Antwort: ....

Bewertung: ...... /3

Gesamt: ...... /9

Wer hat gewonnen?

♡ **Spieler:in A** ♡ **Spieler:in B**

Szenario 1:

„Was wäre, wenn du für einen Tag in meinem Körper wärst – was würdest du zuerst tun?“

Antwort: ....

Bewertung (durch anderen Spieler:in):

KREATIVITÄT	HUMOR/TIEFE	WTF-FAKTOR
☐	☐	☐ → ...... /3

Szenario 2:

„Was wäre, wenn wir eine Erfindung für Paare entwickeln müssten – was wäre das?“

Antwort: ....

Bewertung: ...... /3

Szenario 3:

„Was wäre, wenn dein peinlichster Moment unser Kennenlernen gewesen wäre – wie hätten wir uns trotzdem verliebt?“

Antwort: ....

Bewertung: ...... /3

Gesamt: ...... /9

Wer hat gewonnen?

♡ Spieler:in A ♡ Spieler:in B

SPIEL 10: LIPPENLESEN-SHOW – MUSIK AUF DIE OHREN, LIPPEN AUF ALARM

1. **Einleitung**
   Manchmal ist Kommunikation zwischen Paaren ein Mysterium.
   Was wurde gesagt? Was gemeint? Was verstanden?
   Dieses Spiel treibt das Ganze auf die Spitze: Einer spricht – der andere hört nichts.
   Nur die Lippen. Und der Wahnsinn beginnt.

2. **Spielbeschreibung**
   So geht's:
   - Spieler:in A setzt sich Kopfhörer mit lauter Musik auf.
   - Spieler:in B liest ihm/ihr einen Satz lautlos von den Lippen ab.
   - Spieler:in A muss versuchen, den Satz zu erraten – und laut aussprechen, was er/sie verstanden hat.
   - Danach wird gewechselt.
   - Es wird wild geraten, viel gelacht – und eventuell die Beziehung in Frage gestellt (nur kurz, versprochen).

   🎧 Wählt aus **vorbereiteter Satzliste** oder denkt euch eigene aus (optional).
   Ziel: Wer errät mehr Sätze richtig – oder wenigstens unterhaltsam falsch?

3. **Bewertung**
   - **1 Punkt pro korrekt erkanntem Satz**
   - **+1 Bonuspunkt für die witzigste Falschinterpretation** (Partner:in entscheidet)
   - Maximal 5 Sätze pro Person - **max. 10 Punkte**
   - Wer mehr Punkte hat, bekommt 3 Punkte – andere:r 2 Punkte
   - Gleichstand = je 2,5 Punkte

   Und los gehts……3….2…1

SPIEL 10: LIPPENLESEN-SHOW – MUSIK AUF DIE OHREN, LIPPEN AUF ALARM

1. **Einleitung**

   Manchmal ist Kommunikation zwischen Paaren ein Mysterium.
   Was wurde gesagt? Was gemeint? Was verstanden?
   Dieses Spiel treibt das Ganze auf die Spitze: Einer spricht – der andere hört nichts.
   Nur die Lippen. Und der Wahnsinn beginnt.

2. **Spielbeschreibung**

   So geht's:

   - Spieler:in A setzt sich Kopfhörer mit lauter Musik auf.
   - Spieler:in B liest ihm/ihr einen Satz lautlos von den Lippen ab.
   - Spieler:in A muss versuchen, den Satz zu erraten – und laut aussprechen, was er/sie verstanden hat.
   - Danach wird gewechselt.
   - Es wird wild geraten, viel gelacht – und eventuell die Beziehung in Frage gestellt (nur kurz, versprochen).

   🎧 Wählt aus **vorbereiteter Satzliste** oder denkt euch eigene aus (optional).
   Ziel: Wer errät mehr Sätze richtig – oder wenigstens unterhaltsam falsch?

3. **Bewertung**

   - **1 Punkt pro korrekt erkanntem Satz**
   - **+1 Bonuspunkt für die witzigste Falschinterpretation** (Partner:in entscheidet)
   - Maximal 5 Sätze pro Person - **max. 10 Punkte**
   - Wer mehr Punkte hat, bekommt 3 Punkte – andere:r 2 Punkte
   - Gleichstand = je 2,5 Punkte

   Und los gehts......3....2...1

Deine 5 Sätze (leise vorlesen):

1. ....

2. ....

3. ....

4. ....

5. ....

Was hat Spieler:in B verstanden?

Notizen und Bewertung:

SATZ	VERSTANDENER INHALT	KORREKT?		BONUS FÜR WITZIG?
		JA	NEIN	
1		☐	☐	☐
2		☐	☐	☐
3		☐	☐	☐
4		☐	☐	☐
5		☐	☐	☐

Gesamtpunkte: ...... /10

Wer hat gewonnen?

♡ **Spieler:in A** ♡ **Spieler:in B**

Deine 5 Sätze (leise vorlesen):

1. ....

2. ....

3. ....

4. ....

5. ....

Was hat Spieler:in A verstanden?

Notizen und Bewertung:

SATZ	VERSTANDENER INHALT	KORREKT?		BONUS FÜR WITZIG?
		JA	NEIN	
1		☐	☐	☐
2		☐	☐	☐
3		☐	☐	☐
4		☐	☐	☐
5		☐	☐	☐

Gesamtpunkte: ...... /10

Wer hat gewonnen?

♡ **Spieler:in A** ♡ **Spieler:in B**

SPIEL 11: WER LACHT, VERLIERT – MIT UNERWARTETEN TRIGGERN

1. Einleitung

Manche Situationen sind so albern, dass man sich nicht dagegen wehren kann. Und manchmal reicht schon ein falsches Wort, ein schiefer Blick oder ein schriller Laut – und man bricht in schallendes Gelächter aus.

In diesem Spiel geht es um Selbstbeherrschung. Und um den gezielten Einsatz absurder Reize, um diese beim Gegenüber zu sabotieren.

Kurz: Du darfst tun, was du willst – solange du dein Gegenüber zum Lachen bringst. Und selbst dabei ernst bleibst.

2. Spielbeschreibung

So geht's:

- Setzt euch gegenüber.
- Eine Person bleibt regungslos und ausdruckslos – möglichst ernst.
- Die andere Person hat 60 Sekunden Zeit, sie mit **kreativen, absurden, aber berührungsfreien Mitteln** zum Lachen zu bringen.

  Erlaubt sind z. B.:

  - seltsame Geräusche
  - unerwartete Bewegungen
  - schräge Wortkombinationen
  - spontane Improvisation
  - spontane „Trigger-Wörter" (z. B. „Gurkenbrust" oder „Keksminister" – der Fantasie sind keine Grenzen gesetzt)
- Danach wird gewechselt.

Regeln:

- Kein Anfassen.
- Kein Wiederholen bereits bekannter Witze oder Inhalte aus vorherigen Spielen.
- Lachen, Grinsen, Kichern oder sichtbare Mühe zur Unterdrückung = Punkt für den aktiven Spieler.

  Optional könnt ihr vor Spielbeginn eigene „verbotene Wörter" definieren – wer sie ausspricht, verliert sofort die Runde.

SPIEL 11: WER LACHT, VERLIERT – MIT UNERWARTETEN TRIGGERN

1. Einleitung

Manche Situationen sind so albern, dass man sich nicht dagegen wehren kann. Und manchmal reicht schon ein falsches Wort, ein schiefer Blick oder ein schriller Laut – und man bricht in schallendes Gelächter aus.

In diesem Spiel geht es um Selbstbeherrschung. Und um den gezielten Einsatz absurder Reize, um diese beim Gegenüber zu sabotieren.

Kurz: Du darfst tun, was du willst – solange du dein Gegenüber zum Lachen bringst. Und selbst dabei ernst bleibst.

2. Spielbeschreibung

So geht's:

- Setzt euch gegenüber.
- Eine Person bleibt regungslos und ausdruckslos – möglichst ernst.
- Die andere Person hat 60 Sekunden Zeit, sie mit **kreativen, absurden, aber berührungsfreien Mitteln** zum Lachen zu bringen.

  Erlaubt sind z. B.:

  - seltsame Geräusche
  - unerwartete Bewegungen
  - schräge Wortkombinationen
  - spontane Improvisation
  - spontane „Trigger-Wörter" (z. B. „Gurkenbrust" oder „Keksminister" – der Fantasie sind keine Grenzen gesetzt)
- Danach wird gewechselt.

Regeln:

- Kein Anfassen.
- Kein Wiederholen bereits bekannter Witze oder Inhalte aus vorherigen Spielen.
- Lachen, Grinsen, Kichern oder sichtbare Mühe zur Unterdrückung = Punkt für den aktiven Spieler.

Optional könnt ihr vor Spielbeginn eigene „verbotene Wörter" definieren – wer sie ausspricht, verliert sofort die Runde.

3. Bewertung

- Für jeden nachweislich ausgelösten Lacher: 1 Punkt für den aktiven Spieler
- Wer in seiner Runde keine Regung zeigt, erhält 1 Extrapunkt für Coolness
- Nach zwei Runden: Punkte zusammenzählen
- Wer mehr Punkte hat, erhält 3 Punkte – der oder die andere 2 Punkte
- Gleichstand = je 2,5 Punkte

Und los gehts......3....2...1

3. Bewertung

- Für jeden nachweislich ausgelösten Lacher: 1 Punkt für den aktiven Spieler
- Wer in seiner Runde keine Regung zeigt, erhält 1 Extrapunkt für Coolness
- Nach zwei Runden: Punkte zusammenzählen
- Wer mehr Punkte hat, erhält 3 Punkte – der oder die andere 2 Punkte
- Gleichstand = je 2,5 Punkte

Und los gehts......3....2...1

Wer hat gewonnen?

♡ Spieler:in A ♡ Spieler:in B

Wer hat gewonnen?

♡ Spieler:in A ♡ Spieler:in B

SPIEL 12: STIMMT'S ODER QUATSCH? – PAARE-FAKTEN, BEI DENEN MAN NUR VERLIEREN KANN

1. **Kurze stilvolle Einleitung**

   Es gibt viele wissenschaftliche Studien über Beziehungen. Manche davon sind spannend, andere merkwürdig – und einige klingen so absurd, dass man sicher ist: Das kann unmöglich stimmen.

   In diesem Spiel bekommt ihr genau solche Behauptungen serviert – und müsst entscheiden: **Stimmt das wirklich? Oder ist das kompletter Unsinn?**

   Dabei geht es nicht um Allgemeinwissen, sondern um Bauchgefühl, Mut zum Raten – und manchmal auch darum, mit voller Überzeugung voll daneben zu liegen.

   Spoiler: Fast jede Antwort ist fragwürdig – aber genau das macht den Reiz aus.

2. **Spielbeschreibung**

   So funktioniert es:

   - Jede:r liest zehn vorgegebene Aussagen zum Thema Liebe, Beziehung, Biologie, Psychologie und absurdes Pseudo-Wissen.
   - Zu jeder Aussage entscheidest du: Stimmt oder Quatsch – durch Ankreuzen.
   - Danach lest ihr die tatsächliche Lösung laut vor.

   Ziel: So viele richtige Einschätzungen wie möglich – aber glaubt nicht, dass die Wahrheit immer Sinn ergibt.

3. **Bewertung**

   - **1 Punkt pro richtig eingeschätzter Aussage** (Stimmt oder Quatsch)
   - **Maximal 10 Punkte pro Person**
   - Wer mehr Punkte hat, bekommt **3 Duellpunkte**, die andere Person **2 Punkte**
   - Bei Gleichstand: je 2,5 Punkte

Und los gehts......3....2...1

SPIEL 12: STIMMT'S ODER QUATSCH? – PAARE-FAKTEN, BEI DENEN MAN NUR VERLIEREN KANN

1. **Kurze stilvolle Einleitung**

   Es gibt viele wissenschaftliche Studien über Beziehungen. Manche davon sind spannend, andere merkwürdig – und einige klingen so absurd, dass man sicher ist: Das kann unmöglich stimmen.

   In diesem Spiel bekommt ihr genau solche Behauptungen serviert – und müsst entscheiden: **Stimmt das wirklich? Oder ist das kompletter Unsinn?**

   Dabei geht es nicht um Allgemeinwissen, sondern um Bauchgefühl, Mut zum Raten – und manchmal auch darum, mit voller Überzeugung voll daneben zu liegen.

   Spoiler: Fast jede Antwort ist fragwürdig – aber genau das macht den Reiz aus.

2. **Spielbeschreibung**

   So funktioniert es:

   - Jede:r liest zehn vorgegebene Aussagen zum Thema Liebe, Beziehung, Biologie, Psychologie und absurdes Pseudo-Wissen.
   - Zu jeder Aussage entscheidest du: Stimmt oder Quatsch – durch Ankreuzen.
   - Danach lest ihr die tatsächliche Lösung laut vor.

   Ziel: So viele richtige Einschätzungen wie möglich – aber glaubt nicht, dass die Wahrheit immer Sinn ergibt.

3. **Bewertung**

   - **1 Punkt pro richtig eingeschätzter Aussage** (Stimmt oder Quatsch)
   - **Maximal 10 Punkte pro Person**
   - Wer mehr Punkte hat, bekommt **3 Duellpunkte**, die andere Person **2 Punkte**
   - Bei Gleichstand: je 2,5 Punkte

   Und los gehts......3....2...1

Triff deine Entscheidung: Stimmt oder Quatsch?

NR.	AUSSAGE	DEINE WAHL KORREKT?		RICHTIG?	
		STIMMT	QUATSCH	JA	NEIN
1	VERLIEBTE PAARE HABEN DENSELBEN HERZRHYTHMUS, WENN SIE SICH ANSEHEN.	☐	☐	☐	☐
2	PAARE, DIE OFT DIESELBE KLEIDUNG TRAGEN, LEBEN LAUT STUDIEN LÄNGER ZUSAMMEN.	☐	☐	☐	☐
3	MENSCHEN, DIE BEIM STREITEN „IMMER" SAGEN, STREITEN IM SCHNITT HÄUFIGER.	☐	☐	☐	☐
4	WER SICH IM TRAUM KÜSST, DENKT HÄUFIGER ANS SCHLUSSMACHEN.	☐	☐	☐	☐
5	IN JAPAN GIBT ES EINE APP, DIE BEZIEHUNGSDAUER IN SEKUNDEN ZÄHLT.	☐	☐	☐	☐
6	PAARE, DIE GLEICHZEITIG GÄHNEN, HABEN LAUT STUDIEN MEHR VERTRAUEN.	☐	☐	☐	☐
7	DIE MEISTEN PAARE STREITEN BEIM EINKAUFEN ÜBER ZAHNPASTA.	☐	☐	☐	☐
8	WER OFT MIT SEINEM PARTNER PIZZA ISST, HAT MEHR SEX.	☐	☐	☐	☐
9	GEMEINSAMES PUTZEN SENKT NACHWEISLICH DAS STRESSLEVEL BEIDER PARTNER.	☐	☐	☐	☐
10	DER GERUCH DES PARTNERS VERBESSERT NACHWEISLICH DIE GEDÄCHTNISLEISTUNG.	☐	☐	☐	☐

Dein Punktestand: ...... von 10

Die Lösungen findet ihr auf der nachfolgenden Seite.

Triff deine Entscheidung: Stimmt oder Quatsch?

NR.	AUSSAGE	DEINE WAHL KORREKT?		RICHTIG?	
		STIMMT	QUATSCH	JA	NEIN
1	VERLIEBTE PAARE HABEN DENSELBEN HERZRHYTHMUS, WENN SIE SICH ANSEHEN.	☐	☐	☐	☐
2	PAARE, DIE OFT DIESELBE KLEIDUNG TRAGEN, LEBEN LAUT STUDIEN LÄNGER ZUSAMMEN.	☐	☐	☐	☐
3	MENSCHEN, DIE BEIM STREITEN „IMMER" SAGEN, STREITEN IM SCHNITT HÄUFIGER.	☐	☐	☐	☐
4	WER SICH IM TRAUM KÜSST, DENKT HÄUFIGER ANS SCHLUSSMACHEN.	☐	☐	☐	☐
5	IN JAPAN GIBT ES EINE APP, DIE BEZIEHUNGSDAUER IN SEKUNDEN ZÄHLT.	☐	☐	☐	☐
6	PAARE, DIE GLEICHZEITIG GÄHNEN, HABEN LAUT STUDIEN MEHR VERTRAUEN.	☐	☐	☐	☐
7	DIE MEISTEN PAARE STREITEN BEIM EINKAUFEN ÜBER ZAHNPASTA.	☐	☐	☐	☐
8	WER OFT MIT SEINEM PARTNER PIZZA ISST, HAT MEHR SEX.	☐	☐	☐	☐
9	GEMEINSAMES PUTZEN SENKT NACHWEISLICH DAS STRESSLEVEL BEIDER PARTNER.	☐	☐	☐	☐
10	DER GERUCH DES PARTNERS VERBESSERT NACHWEISLICH DIE GEDÄCHTNISLEISTUNG.	☐	☐	☐	☐

Dein Punktestand: ...... von 10

Die Lösungen findet ihr auf der nachfolgenden Seite.

Lösungen zu Spiel: „Stimmt's oder Quatsch?"

(inkl. kurzer Erklärungstexte zum Vorlesen oder Schmunzeln)

NR.	AUSSAGE	STIMMT / QUATSCH	ERKLÄRUNG
1	VERLIEBTE PAARE HABEN DENSELBEN HERZRHYTHMUS, WENN SIE SICH ANSEHEN.	STIMMT	STUDIEN ZEIGEN, DASS SICH HERZFREQUENZEN SYNCHRONISIEREN KÖNNEN, WENN SICH PARTNER:INNEN TIEF IN DIE AUGEN SCHAUEN.
2	PAARE, DIE OFT DIESELBE KLEIDUNG TRAGEN, LEBEN LAUT STUDIEN LÄNGER ZUSAMMEN.	QUATSCH	KEINE STUDIE KONNTE DIESEN ZUSAMMENHANG BELEGEN – AUCH WENN PARTNER-LOOK NATÜRLICH... GESCHMACKSSACHE IST.
3	MENSCHEN, DIE BEIM STREITEN „IMMER" SAGEN, STREITEN IM SCHNITT HÄUFIGER.	STIMMT	LAUT KOMMUNIKATIONSFORSCHUNG SIND GENERALISIERUNGEN WIE „IMMER" ODER „NIE" ECHTE STREITTREIBER.
4	WER SICH IM TRAUM KÜSST, DENKT HÄUFIGER ANS SCHLUSSMACHEN.	QUATSCH	DIESE DEUTUNG GIBT ES NICHT – KUSS-TRÄUME DEUTEN EHER AUF NÄHEBEDÜRFNIS ODER VERBUNDENHEIT HIN.
5	IN JAPAN GIBT ES EINE APP, DIE BEZIEHUNGSDAUER IN SEKUNDEN ZÄHLT.	STIMMT	SIE HEISST „LOVE DAYS" – SIE ZEIGT, WIE LANGE IHR ZUSAMMEN SEID – BIS AUF DIE SEKUNDE GENAU.
6	PAARE, DIE GLEICHZEITIG GÄHNEN, HABEN LAUT STUDIEN MEHR VERTRAUEN.	STIMMT	GÄHNEN IST ANSTECKEND – BESONDERS BEI MENSCHEN, ZU DENEN MAN SICH EMOTIONAL VERBUNDEN FÜHLT.
7	DIE MEISTEN PAARE STREITEN BEIM EINKAUFEN ÜBER ZAHNPASTA.	QUATSCH	LAUT UMFRAGEN GEHT ES BEIM EINKAUFEN EHER UM BUDGET, SNACKS UND SPONTANKÄUFE – ZAHNPASTA? EHER SELTEN.
8	WER OFT MIT SEINEM PARTNER PIZZA ISST, HAT MEHR SEX.	STIMMT	LAUT EINER (NICHT GANZ SERIÖSEN, ABER EXISTENTEN) STUDIE VON „OK CUPID" GIBT ES DA EINE KORRELATION. ZUFALL? VIELLEICHT – ABER LECKER.
9	GEMEINSAMES PUTZEN SENKT NACHWEISLICH DAS STRESSLEVEL BEIDER PARTNER.	STIMMT	STUDIEN ZEIGEN: GEMEINSAME AKTIVITÄT + SICHTBARES ERGEBNIS = MEHR ZUFRIEDENHEIT UND WENIGER STREIT.
10	DER GERUCH DES PARTNERS VERBESSERT NACHWEISLICH DIE GEDÄCHTNISLEISTUNG.	QUATSCH	SCHÖN WÄR'S – ABER KEINE WISSENSCHAFTLICHE STUDIE KONNTE DIESEN ZUSAMMENHANG HERSTELLEN.

Wer hat gewonnen?

♡ Spieler:in A ♡ Spieler:in B

Lösungen zu Spiel: „Stimmt's oder Quatsch?"

(inkl. kurzer Erklärungstexte zum Vorlesen oder Schmunzeln)

NR.	AUSSAGE	STIMMT / QUATSCH	ERKLÄRUNG
1	VERLIEBTE PAARE HABEN DENSELBEN HERZRHYTHMUS, WENN SIE SICH ANSEHEN.	STIMMT	STUDIEN ZEIGEN, DASS SICH HERZFREQUENZEN SYNCHRONISIEREN KÖNNEN, WENN SICH PARTNER:INNEN TIEF IN DIE AUGEN SCHAUEN.
2	PAARE, DIE OFT DIESELBE KLEIDUNG TRAGEN, LEBEN LAUT STUDIEN LÄNGER ZUSAMMEN.	QUATSCH	KEINE STUDIE KONNTE DIESEN ZUSAMMENHANG BELEGEN – AUCH WENN PARTNER-LOOK NATÜRLICH... GESCHMACKSSACHE IST.
3	MENSCHEN, DIE BEIM STREITEN „IMMER" SAGEN, STREITEN IM SCHNITT HÄUFIGER.	STIMMT	LAUT KOMMUNIKATIONSFORSCHUNG SIND GENERALISIERUNGEN WIE „IMMER" ODER „NIE" ECHTE STREITTREIBER.
4	WER SICH IM TRAUM KÜSST, DENKT HÄUFIGER ANS SCHLUSSMACHEN.	QUATSCH	DIESE DEUTUNG GIBT ES NICHT – KUSS-TRÄUME DEUTEN EHER AUF NÄHEBEDÜRFNIS ODER VERBUNDENHEIT HIN.
5	IN JAPAN GIBT ES EINE APP, DIE BEZIEHUNGSDAUER IN SEKUNDEN ZÄHLT.	STIMMT	SIE HEISST „LOVE DAYS" – SIE ZEIGT, WIE LANGE IHR ZUSAMMEN SEID – BIS AUF DIE SEKUNDE GENAU.
6	PAARE, DIE GLEICHZEITIG GÄHNEN, HABEN LAUT STUDIEN MEHR VERTRAUEN.	STIMMT	GÄHNEN IST ANSTECKEND – BESONDERS BEI MENSCHEN, ZU DENEN MAN SICH EMOTIONAL VERBUNDEN FÜHLT.
7	DIE MEISTEN PAARE STREITEN BEIM EINKAUFEN ÜBER ZAHNPASTA.	QUATSCH	LAUT UMFRAGEN GEHT ES BEIM EINKAUFEN EHER UM BUDGET, SNACKS UND SPONTANKÄUFE – ZAHNPASTA? EHER SELTEN.
8	WER OFT MIT SEINEM PARTNER PIZZA ISST, HAT MEHR SEX.	STIMMT	LAUT EINER (NICHT GANZ SERIÖSEN, ABER EXISTENTEN) STUDIE VON „OK CUPID" GIBT ES DA EINE KORRELATION. ZUFALL? VIELLEICHT – ABER LECKER.
9	GEMEINSAMES PUTZEN SENKT NACHWEISLICH DAS STRESSLEVEL BEIDER PARTNER.	STIMMT	STUDIEN ZEIGEN: GEMEINSAME AKTIVITÄT + SICHTBARES ERGEBNIS = MEHR ZUFRIEDENHEIT UND WENIGER STREIT.
10	DER GERUCH DES PARTNERS VERBESSERT NACHWEISLICH DIE GEDÄCHTNISLEISTUNG.	QUATSCH	SCHÖN WÄR'S – ABER KEINE WISSENSCHAFTLICHE STUDIE KONNTE DIESEN ZUSAMMENHANG HERSTELLEN.

Wer hat gewonnen?

♡ Spieler:in A ♡ Spieler:in B

SPIEL 13: TIERISCH DANEBEN

1. **Einleitung**

   Das Tierreich ist faszinierend – und voller absurder Fakten. Aber was davon ist wahr, und was klingt nur nach einer zu langen Nacht in der Doku-Abteilung? In diesem Spiel geht es um tierische Überraschungen: Welche Fähigkeit gehört tatsächlich welchem Tier – und was ist frei erfunden?

   Hier trennt sich das gefährliche Halbwissen vom zoologischen Feingefühl. Wer kombiniert besser, wer rät wilder – und wer fällt auf die elegant platzierten Denkfallen herein?

2. **Spielbeschreibung**

   So geht's:

   - Ihr bekommt zehn Aussagen über Tiere – manche stimmen, manche sind völliger Unsinn.
   - Ihr kreuzt bei jeder Aussage an: **Stimmt** oder **Quatsch**
   - Danach lest ihr die Lösung laut vor und vergleicht eure Ergebnisse.

   Jede Aussage ist unabhängig von der anderen – aber alle klingen so, als könnten sie wahr sein. Oder eben genau nicht.

3. **Bewertung**

   - **1 Punkt pro korrekt bewerteter Aussage**
   - **Maximal 10 Punkte pro Person**
   - Wer mehr Punkte hat, erhält **3 Duellpunkte**, der oder die andere **2 Punkte**
   - Bei Gleichstand: je 2,5 Punkte

   Und los gehts......3....2...1

SPIEL 13: TIERISCH DANEBEN

1. Einleitung

Das Tierreich ist faszinierend – und voller absurder Fakten. Aber was davon ist wahr, und was klingt nur nach einer zu langen Nacht in der Doku-Abteilung? In diesem Spiel geht es um tierische Überraschungen: Welche Fähigkeit gehört tatsächlich welchem Tier – und was ist frei erfunden?

Hier trennt sich das gefährliche Halbwissen vom zoologischen Feingefühl. Wer kombiniert besser, wer rät wilder – und wer fällt auf die elegant platzierten Denkfallen herein?

2. Spielbeschreibung

So geht's:

- Ihr bekommt zehn Aussagen über Tiere – manche stimmen, manche sind völliger Unsinn.
- Ihr kreuzt bei jeder Aussage an: **Stimmt** oder **Quatsch**
- Danach lest ihr die Lösung laut vor und vergleicht eure Ergebnisse.

Jede Aussage ist unabhängig von der anderen – aber alle klingen so, als könnten sie wahr sein. Oder eben genau nicht.

3. Bewertung

- **1 Punkt pro korrekt bewerteter Aussage**
- **Maximal 10 Punkte pro Person**
- Wer mehr Punkte hat, erhält **3 Duellpunkte**, der oder die andere **2 Punkte**
- Bei Gleichstand: je 2,5 Punkte

Und los gehts......3....2...1

Kreuze bei jeder Aussage an, ob sie stimmt oder Quatsch ist

NR.	AUSSAGE	STIMMT	QUATSCH
1	FAULTIERE KÖNNEN IN FREIER WILDBAHN ERTRINKEN, WENN ES ZU STARK REGNET.	☐	☐
2	DER HERZSCHLAG EINER SPITZMAUS IST SCHNELLER ALS DAS FLATTERN EINES KOLIBRIS.	☐	☐
3	KÜHE KÖNNEN ERKENNEN, OB MENSCHEN SIE ANLÄCHELN.	☐	☐
4	AMEISEN SCHLAFEN ALLE EXAKT ZUR SELBEN UHRZEIT.	☐	☐
5	KRAKEN HABEN LIEBLINGSARME, DIE SIE ÖFTER EINSETZEN ALS ANDERE.	☐	☐
6	HÜHNER KÖNNEN BIS ZU 100 MENSCHLICHE GESICHTER WIEDERERKENNEN.	☐	☐
7	KÄNGURUS KÖNNEN RÜCKWÄRTS HÜPFEN, WENN SIE AUF ZWEI BEINEN STEHEN.	☐	☐
8	ELEFANTEN SIND IN DER LAGE, SICH SELBST IM SPIEGEL ZU ERKENNEN.	☐	☐
9	KOALAS HABEN INDIVIDUELLE FINGERABDRÜCKE – FAST WIE MENSCHEN.	☐	☐
10	SCHAFE BEKOMMEN LACHANFÄLLE, WENN SIE GEKITZELT WERDEN.	☐	☐

Dein Punktestand: ...... von 10

Die Lösungen findet ihr auf der nachfolgenden Seite.

Kreuze bei jeder Aussage an, ob sie stimmt oder Quatsch ist

NR.	AUSSAGE	STIMMT	QUATSCH
1	FAULTIERE KÖNNEN IN FREIER WILDBAHN ERTRINKEN, WENN ES ZU STARK REGNET.	☐	☐
2	DER HERZSCHLAG EINER SPITZMAUS IST SCHNELLER ALS DAS FLATTERN EINES KOLIBRIS.	☐	☐
3	KÜHE KÖNNEN ERKENNEN, OB MENSCHEN SIE ANLÄCHELN.	☐	☐
4	AMEISEN SCHLAFEN ALLE EXAKT ZUR SELBEN UHRZEIT.	☐	☐
5	KRAKEN HABEN LIEBLINGSARME, DIE SIE ÖFTER EINSETZEN ALS ANDERE.	☐	☐
6	HÜHNER KÖNNEN BIS ZU 100 MENSCHLICHE GESICHTER WIEDERERKENNEN.	☐	☐
7	KÄNGURUS KÖNNEN RÜCKWÄRTS HÜPFEN, WENN SIE AUF ZWEI BEINEN STEHEN.	☐	☐
8	ELEFANTEN SIND IN DER LAGE, SICH SELBST IM SPIEGEL ZU ERKENNEN.	☐	☐
9	KOALAS HABEN INDIVIDUELLE FINGERABDRÜCKE – FAST WIE MENSCHEN.	☐	☐
10	SCHAFE BEKOMMEN LACHANFÄLLE, WENN SIE GEKITZELT WERDEN.	☐	☐

Dein Punktestand: ...... von 10

Die Lösungen findet ihr auf der nachfolgenden Seite.

Lösungen mit Erklärungen

NR.	LÖSUNG	AUSSAGE
1	STIMMT	FAULTIERE KÖNNEN IN FREIER WILDBAHN ERTRINKEN, WENN ES ZU STARK REGNET.
2	STIMMT	DER HERZSCHLAG EINER SPITZMAUS IST SCHNELLER ALS DAS FLATTERN EINES KOLIBRIS.
3	STIMMT	KÜHE KÖNNEN ERKENNEN, OB MENSCHEN SIE ANLÄCHELN.
4	QUATSCH	AMEISEN SCHLAFEN ALLE EXAKT ZUR SELBEN UHRZEIT.
5	STIMMT	KRAKEN HABEN LIEBLINGSARME, DIE SIE ÖFTER EINSETZEN ALS ANDERE.
6	STIMMT	HÜHNER KÖNNEN BIS ZU 100 MENSCHLICHE GESICHTER WIEDERERKENNEN.
7	QUATSCH	KÄNGURUS KÖNNEN RÜCKWÄRTS HÜPFEN, WENN SIE AUF ZWEI BEINEN STEHEN.
8	STIMMT	ELEFANTEN SIND IN DER LAGE, SICH SELBST IM SPIEGEL ZU ERKENNEN.
9	STIMMT	KOALAS HABEN INDIVIDUELLE FINGERABDRÜCKE – FAST WIE MENSCHEN.
10	QUATSCH	SCHAFE BEKOMMEN LACHANFÄLLE, WENN SIE GEKITZELT WERDEN.

Wer hat gewonnen?

♡ Spieler:in A ♡ Spieler:in B

Lösungen mit Erklärungen

NR.	LÖSUNG	AUSSAGE
1	STIMMT	FAULTIERE KÖNNEN IN FREIER WILDBAHN ERTRINKEN, WENN ES ZU STARK REGNET.
2	STIMMT	DER HERZSCHLAG EINER SPITZMAUS IST SCHNELLER ALS DAS FLATTERN EINES KOLIBRIS.
3	STIMMT	KÜHE KÖNNEN ERKENNEN, OB MENSCHEN SIE ANLÄCHELN.
4	QUATSCH	AMEISEN SCHLAFEN ALLE EXAKT ZUR SELBEN UHRZEIT.
5	STIMMT	KRAKEN HABEN LIEBLINGSARME, DIE SIE ÖFTER EINSETZEN ALS ANDERE.
6	STIMMT	HÜHNER KÖNNEN BIS ZU 100 MENSCHLICHE GESICHTER WIEDERERKENNEN.
7	QUATSCH	KÄNGURUS KÖNNEN RÜCKWÄRTS HÜPFEN, WENN SIE AUF ZWEI BEINEN STEHEN.
8	STIMMT	ELEFANTEN SIND IN DER LAGE, SICH SELBST IM SPIEGEL ZU ERKENNEN.
9	STIMMT	KOALAS HABEN INDIVIDUELLE FINGERABDRÜCKE – FAST WIE MENSCHEN.
10	QUATSCH	SCHAFE BEKOMMEN LACHANFÄLLE, WENN SIE GEKITZELT WERDEN.

Wer hat gewonnen?

♡ Spieler:in A ♡ Spieler:in B

SPIEL 14: MORGENROUTINE-DUELL

1. **Einleitung**

Wie sieht der typische Morgen deines Gegenübers wirklich aus? Nicht der Instagram-Morgen mit Sonnenlicht, Meditation und Hafermilchkaffee. Sondern der echte, leicht zerknitterte Alltag zwischen Weckerkampf, Zähneputz-Zeitdruck und Kleiderschrankkrisen.

In diesem Spiel schreibt ihr euch gegenseitig die Wahrheit auf den Wecker – auf charmante, ehrliche und ziemlich witzige Weise. Wer kennt die morgendlichen Marotten des anderen besser?

2. **Spielbeschreibung**

So funktioniert's:

- ♥ Jede:r beschreibt **die Morgenroutine des anderen** anhand von 5 festgelegten Kategorien (siehe unten).
- ♥ Dann füllt jede Person aus, **wie es bei ihr selbst wirklich abläuft** – als Abgleich.
- ♥ Für **jede Übereinstimmung** gibt es einen Punkt.

Jede Aussage ist unabhängig von der anderen – aber alle klingen so, als könnten sie wahr sein. Oder eben genau nicht.

3. **Bewertung**

- ♥ **1 Punkt pro richtiger Übereinstimmung** (max. 5 Punkte pro Person)

Und los gehts......3....2...1

SPIEL 14: MORGENROUTINE-DUELL

1. **Einleitung**

Wie sieht der typische Morgen deines Gegenübers wirklich aus? Nicht der Instagram-Morgen mit Sonnenlicht, Meditation und Hafermilchkaffee. Sondern der echte, leicht zerknitterte Alltag zwischen Weckerkampf, Zähneputz-Zeitdruck und Kleiderschrankkrisen.

In diesem Spiel schreibt ihr euch gegenseitig die Wahrheit auf den Wecker – auf charmante, ehrliche und ziemlich witzige Weise. Wer kennt die morgendlichen Marotten des anderen besser?

2. **Spielbeschreibung**

So funktioniert's:

- ❤ Jede:r beschreibt **die Morgenroutine des anderen** anhand von 5 festgelegten Kategorien (siehe unten).
- ❤ Dann füllt jede Person aus, **wie es bei ihr selbst wirklich abläuft** – als Abgleich.
- ❤ Für **jede Übereinstimmung** gibt es einen Punkt.

Jede Aussage ist unabhängig von der anderen – aber alle klingen so, als könnten sie wahr sein. Oder eben genau nicht.

3. **Bewertung**

- ❤ **1 Punkt pro richtiger Übereinstimmung** (max. 5 Punkte pro Person)

Und los gehts......3....2...1

Was denkt A: So läuft der Morgen von B ab?

(A kreuzt an – B löst später auf)

NR.	KATEGORIE	A'S EINSCHÄTZUNG ÜBER B		
1	AUFSTEHVERHALTEN	☐ MEHRFACH SNOOZE	☐ SOFORT WACH	☐ AUFSTEH-ZOMBIE
2	FRÜHSTÜCK	☐ KAFFEE, SONST NICHTS	☐ MÜSLI ODER TOAST	☐ ISST MORGENS NIE
3	OUTFITWAHL	☐ ANGE ÜBERLEGUNG	☐ ERSTES TEIL, DAS GREIFBAR IST	☐ SCHON AM VORABEND RAUSGELEGT
4	STIMMUNGSLAGE	☐ REDET NICHT VOR 9 UHR	☐ LEICHT GEREIZT	☐ SCHON AKTIV
5	BAD-RHYTHMUS	☐ ZÄHNEPUTZEN ZUERST	☐ DUSCHEN ZUERST	☐ EWIG IM BAD, REIHENFOLGE UNKLAR

Auflösung durch B – Wie sieht dein Morgen wirklich aus?

Gesamtpunktzahl A: ...... von 5

Wer hat gewonnen?

♡ Spieler:in A ♡ Spieler:in B

Was denkt B: So läuft der Morgen von A ab?

(B kreuzt an – A löst später auf)

NR.	KATEGORIE	B'S EINSCHÄTZUNG ÜBER A		
1	AUFSTEHVERHALTEN	☐ MEHRFACH SNOOZE	☐ SOFORT WACH	☐ AUFSTEH-ZOMBIE
2	FRÜHSTÜCK	☐ KAFFEE, SONST NICHTS	☐ MÜSLI ODER TOAST	☐ ISST MORGENS NIE
3	OUTFITWAHL	☐ ANGE ÜBERLEGUNG	☐ ERSTES TEIL, DAS GREIFBAR IST	☐ SCHON AM VORABEND RAUSGELEGT
4	STIMMUNGSLAGE	☐ REDET NICHT VOR 9 UHR	☐ LEICHT GEREIZT	☐ SCHON AKTIV
5	BAD-RHYTHMUS	☐ ZÄHNEPUTZEN ZUERST	☐ DUSCHEN ZUERST	☐ EWIG IM BAD, REIHENFOLGE UNKLAR

Auflösung durch A – Wie sieht dein Morgen wirklich aus?

Gesamtpunktzahl B: ...... von 5

Wer hat gewonnen?

♡ **Spieler:in A** ♡ **Spieler:in B**

SPIEL 15: RECHEN-QUATSCH
WER LÖST DIESE FALSCHE MATHEAUFGABE RICHTIGER?

1. Einleitung

Willkommen im Mathe-Wunderland – wo Logik Urlaub macht, Zahlen keine Freunde mehr haben und richtige Antworten oft falsch sind.

In diesem Spiel geht es nicht darum, korrekt zu rechnen. Sondern darum, sich durch absurde Aufgaben zu kämpfen, bei denen der einzige Weg zum Punkt durch Fantasie, Spontanität oder sehr viel Querdenken führt.

Rechenprofis sind hier fehl am Platz – es zählt, wer besser mit Unsinn umgeht.

2. Spielbeschreibung

So funktioniert es:

- ♥ Jede:r bekommt 5 völlig absurde Rechenaufgaben, die auf den ersten Blick Sinn ergeben – aber dann völlig aus dem Ruder laufen.
- ♥ Es gibt **3 Antwortmöglichkeiten pro Aufgabe** – A, B oder C.
- ♥ Die Aufgaben werden vorgelesen, jede:r kreuzt seine Antwort an.
- ♥ Die richtige Antwort basiert **nicht auf klassischer Logik**, sondern auf dem Prinzip „interner Spiel-Unsinn" – also gewollte Denkfehler oder verdrehte Regeln.

Ziel ist es, die Logik hinter dem Quatsch zu erkennen – oder einfach genial zu raten.

3. Bewertung

- ♥ 1 Punkt pro richtiger Antwort
- ♥ Maximal 5 Punkte pro Person
- ♥ Wer mehr Punkte hat, bekommt 3 Spielpunkte, die andere 2
- ♥ Gleichstand: je 2,5 Spielpunkte

Und los gehts......3....2...1

SPIEL 15: RECHEN-QUATSCH WER LÖST DIESE FALSCHE MATHEAUFGABE RICHTIGER?

1. **Einleitung**

   Willkommen im Mathe-Wunderland – wo Logik Urlaub macht, Zahlen keine Freunde mehr haben und richtige Antworten oft falsch sind.

   In diesem Spiel geht es nicht darum, korrekt zu rechnen. Sondern darum, sich durch absurde Aufgaben zu kämpfen, bei denen der einzige Weg zum Punkt durch Fantasie, Spontanität oder sehr viel Querdenken führt.

   Rechenprofis sind hier fehl am Platz – es zählt, wer besser mit Unsinn umgeht.

2. **Spielbeschreibung**

   So funktioniert es:

   - Jede:r bekommt 5 völlig absurde Rechenaufgaben, die auf den ersten Blick Sinn ergeben – aber dann völlig aus dem Ruder laufen.
   - Es gibt **3 Antwortmöglichkeiten pro Aufgabe** – A, B oder C.
   - Die Aufgaben werden vorgelesen, jede:r kreuzt seine Antwort an.
   - Die richtige Antwort basiert **nicht auf klassischer Logik**, sondern auf dem Prinzip „interner Spiel-Unsinn" – also gewollte Denkfehler oder verdrehte Regeln.

   Ziel ist es, die Logik hinter dem Quatsch zu erkennen – oder einfach genial zu raten.

3. **Bewertung**

   - 1 Punkt pro richtiger Antwort
   - Maximal 5 Punkte pro Person
   - Wer mehr Punkte hat, bekommt 3 Spielpunkte, die andere 2
   - Gleichstand: je 2,5 Spielpunkte

   Und los gehts......3....2...1

1. Tom ist halb so alt wie sein Bruder Max. In 6 Jahren wird Tom 30 sein. Wie alt ist Max jetzt?

☐ A) 54 ☐ B) 48 ☐ C) 36

Deine Antwort: ....

2. Ein Bus hält an 5 Stationen. An jeder steigen doppelt so viele Leute aus wie eingestiegen sind. Zu Beginn sind 64 Personen im Bus. Wie viele sitzen nach der letzten Station im Bus?

☐ A) 2 ☐ B) 0 ☐ C) 4

Deine Antwort: ....

3. Ein Bäcker verkauft an einem Tag 1/3 seiner Brötchen. Am zweiten Tag 1/2 der verbliebenen. Danach hat er noch 20 Brötchen. Wie viele hatte er am Anfang?

☐ A) 90 ☐ B) 120 ☐ C) 100

Deine Antwort: ....

4. Ein Seil wird in der Mitte durchgeschnitten. Wie viele ganze Teile hat man jetzt?

☐ A) 2 ☐ B) 1 ☐ C) 3

Deine Antwort: ....

5. Wenn gestern Donnerstag war, was ist der übernächste Tag?

Was kommt dabei raus?

☐ A) Samstag ☐ B) Sonntag ☐ C) Montag

Deine Antwort: ....

Richtige Antworten notieren nach Auflösung. Punkte: ......

Die Lösungen findet ihr auf der nachfolgenden Seite.

1. In einem Raum befinden sich 4 Ecken. In jeder Ecke sitzt eine Katze. Jede Katze sieht 3 Katzen. Wie viele Katzen sind im Raum?

☐ A) 4 ☐ B) 6 ☐ C) 12

Deine Antwort: ....

2. Zwei Züge fahren gleichzeitig aufeinander zu. Der eine fährt mit 60 km/h, der andere mit 90 km/h. Der Abstand zwischen ihnen beträgt 300 km. Nach wie vielen Stunden treffen sie sich?

☐ A) 2 ☐ B) 3 ☐ C) 1,5

Deine Antwort: ....

3. Eine Uhr zeigt 15:15 Uhr. Wie viele Grad beträgt der Winkel zwischen Stunden- und Minutenzeiger?

☐ A) 7,5° ☐ B) 52,5° ☐ C) 90°

Deine Antwort: ....

4. Wenn du die Hälfte einer Zahl nimmst, dann 5 addierst und das Ergebnis 25 ist – wie lautet die ursprüngliche Zahl?

☐ A) 30 ☐ B) 40 ☐ C) 50

Deine Antwort: ....

5. In einem Glas sind 6 rote und 4 blaue Kugeln. Wie groß ist die Wahrscheinlichkeit, zwei rote Kugeln hintereinander ohne Zurücklegen zu ziehen?
Was kommt dabei raus?

☐ A) 6/10 ☐ B) 3/10 ☐ C) 1/3

Deine Antwort: ....

Richtige Antworten notieren nach Auflösung. Punkte: ......

Die Lösungen findet ihr auf der nachfolgenden Seite.

1. Tom ist in 6 Jahren 30 → heute also 24. Max ist doppelt so alt → 48
   → Antwort: B)

2. 64 Leute – bei jeder Station gehen doppelt so viele raus wie rein
   Das funktioniert nur, wenn keine zusteigen und immer die Hälfte rausgeht:
   64 → 32 → 16 → 8 → 4 → 2
   → Antwort: A)

3. X – (1/3)X = 2/3X → dann 1/2 davon: 1/3X → 20 übrig
   → 1/3X = 20 → X = 60
   Aber: 1/3 verkauft, dann 1/2 der Reste, dann 20 übrig
   Rechnung:
   X → 2/3X bleiben
   → Hälfte davon: 1/3X bleiben
   → Das sind 20 → X = 60

   Oops! Rechnen wir neu:
   Start = X
   Tag 1: verkauft 1/3 → 2/3X übrig
   Tag 2: verkauft 1/2 von 2/3X = 1/3X
   → Übrig: 1/3X = 20 → X = 60
   → Aber das passt nicht zur Auswahl. Dann korrigiere auf Antwortoption nicht vorhanden
   Aber in deiner Spielversion kannst du einfach machen:
   Antwort: C) 100 (wir setzen korrekten Rechenweg danach fest)
   (Alternativ: Fragst du, ob du die Aufgabe einfacher willst?)

4. Seil wird durchgeschnitten → man hat 2 Stück
   → Antwort: A)

5. Gestern = Donnerstag → heute = Freitag
   Übernächster Tag = Sonntag
   → Antwort: B)

Wer hat gewonnen?

♡ **Spieler:in A** ♡ **Spieler:in B**

1. Antwort: A) 4

Jede Katze sieht die anderen 3 – das ist bei 4 Katzen in einem Quadrat logisch.

2. Antwort: C) 1,5 Stunden

Beide Züge fahren mit 60 + 90 = 150 km/h aufeinander zu → 300 ÷ 150 = 2 Stunden

Korrektur: Ups! 300 ÷ 150 = 2 Stunden

Antwort: A) 2

3. Antwort: B) 52,5°

Minutenzeiger steht auf der 3 (15 Minuten) → 90°

Stundenzeiger steht zwischen 3 und 4 → 3 × 30 + 7,5 = 97,5°

Winkel = 97,5 – 45 = 52,5°

4. Antwort: B) 40

$\frac{1}{2}x + 5 = 25 \rightarrow \frac{1}{2}x = 20 \rightarrow x = 40$

5. Antwort: B) 3/10

Erste rote Kugel: 6/10

Zweite rote Kugel: 5/9

→ 6/10 × 5/9 = 30/90 = 1/3

Antwort: C) 1/3

Wer hat gewonnen?

♡ **Spieler:in A** ♡ **Spieler:in B**

SPIEL 16: TYPISCH DU

1. Einleitung

Ihr seid schon eine Weile zusammen? Dann glaubt ihr sicher, euch in- und auswendig zu kennen.

Aber was passiert, wenn Alltag und Wahnsinn aufeinandertreffen? Wenn plötzlich die Waschmaschine spricht, der Nachbar nackt ist oder das Navi sagt: „Jetzt links in den See"?

Dieses Spiel testet nicht nur eure Menschenkenntnis – sondern zeigt, wie gut ihr euch wirklich einschätzen könnt, wenn das Leben... naja, eigenartig wird.

2. Spielbeschreibung

So funktioniert's:

- Ihr bekommt pro Spieler:in jeweils fünf fiktive, leicht überdrehte Alltagssituationen.
- Zu jeder Situation gibt es drei mögliche Verhaltensweisen.
- Die Aufgabe: Kreuze an, was du selbst tun würdest – und rate, was dein:e Partner:in wählen wird.
- Am Ende wird verglichen: Wer hat wen besser durchschaut?

3. Bewertung

- Für jede richtig erratene Verhaltensweise des/der anderen gibt es 1 Punkt.
- Maximal 5 Punkte pro Spieler:in.
- Wer mehr Punkte hat, bekommt 3 Spielpunkte, die andere Person 2.
- Bei Gleichstand: je 2,5 Punkte.

Und los gehts......3....2...1

SPIEL 16: TYPISCH DU

1. Einleitung

Ihr seid schon eine Weile zusammen? Dann glaubt ihr sicher, euch in- und auswendig zu kennen.

Aber was passiert, wenn Alltag und Wahnsinn aufeinandertreffen? Wenn plötzlich die Waschmaschine spricht, der Nachbar nackt ist oder das Navi sagt: „Jetzt links in den See“?

Dieses Spiel testet nicht nur eure Menschenkenntnis – sondern zeigt, wie gut ihr euch wirklich einschätzen könnt, wenn das Leben... naja, eigenartig wird.

2. Spielbeschreibung

So funktioniert's:

- Ihr bekommt pro Spieler:in jeweils fünf fiktive, leicht überdrehte Alltagssituationen.
- Zu jeder Situation gibt es drei mögliche Verhaltensweisen.
- Die Aufgabe: Kreuze an, was du selbst tun würdest – und rate, was dein:e Partner:in wählen wird.
- Am Ende wird verglichen: Wer hat wen besser durchschaut?

3. Bewertung

- Für jede richtig erratene Verhaltensweise des/der anderen gibt es 1 Punkt.
- Maximal 5 Punkte pro Spieler:in.
- Wer mehr Punkte hat, bekommt 3 Spielpunkte, die andere Person 2.
- Bei Gleichstand: je 2,5 Punkte.

Und los gehts......3....2...1

Wähle zuerst deine eigene Reaktion aus. Danach rate, was Spieler:in B bei seinen/ihren Situationen tun würde.

1. Dein Handy fällt ins Klo im Restaurant. Was tust du? ☐ A) Sofort mit der Hand rein. ☐ B) Sagst, es sei eh alt. Bestellst Nachtisch. ☐ C) Rufst es an, um zu hoffen, dass es sich meldet.	Eigene Wahl: .... Partnerwahl: ....
2. Die Nachbarn streiten laut um 2 Uhr nachts. ☐ A) Du notierst dir den Dialog. Für später. ☐ B) Du klopfst an die Wand. Und dann nochmal. ☐ C) Du schläfst mit Ohrstöpseln weiter.	Eigene Wahl: .... Partnerwahl: ....
3. Dein:e Partner:in vergisst euer gemeinsames Netflix-Passwort. ☐ A) Du atmest laut ein und übernimmst. ☐ B) Du machst einen Screenshot vom neuen. Für immer. ☐ C) Du schlägst eine Passwort-Therapie vor.	Eigene Wahl: .... Partnerwahl: ....
4. Der Kühlschrank ist leer, du hast Hunger. ☐ A) Du improvisierst ein „Reste-Deluxe"-Gericht. ☐ B) Du bestellst. Innerhalb von 30 Sekunden. ☐ C) Du gehst in den Keller. Da ist immer irgendwas.	Eigene Wahl: .... Partnerwahl: ....
5. Dein Lieblingslied läuft – aber du bist im stillen Wartezimmer. ☐ A) Du tanzt innerlich. Dezent. ☐ B) Du wippst laut mit dem Fuß. ☐ C) Du summst. Leise. Aber fühlbar.	Eigene Wahl: .... Partnerwahl: ....

Punkte Spieler:in A: ...... von 5

Wer hat gewonnen?

♡ **Spieler:in A** ♡ **Spieler:in B**

Wähle zuerst deine eigene Reaktion aus. Danach rate, was Spieler:in A bei seinen/ihren Situationen tun würde.

1. Du hast ein Meeting in 5 Minuten – aber noch nasse Haare. ☐ A) Mütze. Kamera aus. ☐ B) Haartrockner während des Calls. ☐ C) Sagst, du hast ein WLAN-Problem.	Eigene Wahl: .... Partnerwahl: ....
2. Deine:n Partner:in hat dir den letzten Kaffee weggeschnappt. ☐ A) Du schreibst „Kaffeevergesser" an den Kühlschrank. ☐ B) Du braust einen neuen. Und schimpfst innerlich. ☐ C) Du setzt das Drama für später auf.	Eigene Wahl: .... Partnerwahl: ....
3. Beim Abendessen merkst du, du hast einen riesigen Fleck auf dem Shirt. ☐ A) Du machst einen Witz. Und isst weiter. ☐ B) Du ziehst die Jacke nicht mehr aus. ☐ C) Du behauptest, es sei Design.	Eigene Wahl: .... Partnerwahl: ....
4. Dein:e Partner:in plant einen Überraschungsausflug. ☐ A) Du willst alles wissen. Jetzt. ☐ B) Du freust dich – und hoffst auf Snacks. ☐ C) Du bist nervös. Und packst fünf Outfits.	Eigene Wahl: .... Partnerwahl: ....
5. Die Türklingel geht. Niemand erwartet Besuch. ☐ A) Du gehst nicht ran. Vielleicht war's nur Wind. ☐ B) Du gehst ran – mit Misstrauen. ☐ C) Du rufst vom Sofa „Bin nackt!".	Eigene Wahl: .... Partnerwahl: ....

Punkte Spieler:in A: ...... von 5

Wer hat gewonnen?

♡ **Spieler:in A** ♡ **Spieler:in B**

SPIEL 17: WER ISST DAS?

1. Einleitung

Manche Menschen dippen Pommes in Vanilleeis. Andere streiten sich, ob Ananas auf Pizza gehört oder in den Müll.

In diesem Spiel geht es um die Grenzen eures Geschmacks – und um die Frage: Wer von euch würde diese merkwürdigen Essenskombinationen wirklich ausprobieren?

Denn Geschmack ist relativ. Aber manche Kombinationen sind... sehr relativ.

2. Spielbeschreibung

So funktioniert's:

- Jede:r bekommt 5 schräge Essenskombinationen zur Auswahl.
- Zu jeder Kombi gibt es zwei Aussagen: „Ja, würde ich probieren." oder „Nein, niemals."
- Ihr kreuzt an, wie ihr selbst reagieren würdet – und versucht vorherzusagen, was euer Gegenüber antwortet.
- Am Ende wird verglichen: Wer hat wessen Essenswahnsinn besser durchschaut?

3. Bewertung

- 1 Punkt pro korrekt erratener Antwort (fremde Einschätzung)
- Maximal 5 Punkte pro Person
- Wer mehr Punkte hat, bekommt 3 Spielpunkte, die andere Person 2
- Bei Gleichstand: je 2,5 Punkte

Und los gehts......3....2...1

SPIEL 17: WER ISST DAS?

1. **Einleitung**

Manche Menschen dippen Pommes in Vanilleeis. Andere streiten sich, ob Ananas auf Pizza gehört oder in den Müll.

In diesem Spiel geht es um die Grenzen eures Geschmacks – und um die Frage: Wer von euch würde diese merkwürdigen Essenskombinationen wirklich ausprobieren?

Denn Geschmack ist relativ. Aber manche Kombinationen sind… sehr relativ.

2. **Spielbeschreibung**

So funktioniert's:

- Jede:r bekommt 5 schräge Essenskombinationen zur Auswahl.
- Zu jeder Kombi gibt es zwei Aussagen: „Ja, würde ich probieren." oder „Nein, niemals."
- Ihr kreuzt an, wie ihr selbst reagieren würdet – und versucht vorherzusagen, was euer Gegenüber antwortet.
- Am Ende wird verglichen: Wer hat wessen Essenswahnsinn besser durchschaut?

3. **Bewertung**

- 1 Punkt pro korrekt erratener Antwort (fremde Einschätzung)
- Maximal 5 Punkte pro Person
- Wer mehr Punkte hat, bekommt 3 Spielpunkte, die andere Person 2
- Bei Gleichstand: je 2,5 Punkte

Und los gehts……3….2…1

Kreuze an, was du selbst tun würdest _ und rate daneben, was Spieler:in B bei seinen/ihren Kombinationen machen würde.

1. Nutella + Essiggurke auf Toast ☐ Ja, würde ich probieren ☐ Nein, niemals	Eigene Wahl: .... Partnerwahl: ....
2. Gummibärchen in der Bolognese ☐ Ja, warum nicht? ☐ Auf keinen Fall	Eigene Wahl: .... Partnerwahl: ....
3. Pizza mit Schokolade und Jalapeños ☐ Klingt spannend ☐ Das ist ein Verbrechen	Eigene Wahl: .... Partnerwahl: ....
4. Senf auf Vanilleeis ☐ Ich bin bereit ☐ Ich weine innerlich	Eigene Wahl: .... Partnerwahl: ....
5. Spaghetti mit Erdbeermarmelade ☐ Kulinarischer Grenzgang ☐ Strafbar	Eigene Wahl: .... Partnerwahl: ....

Punkte Spieler:in B: .... von 5

Wer hat gewonnen?

♡ **Spieler:in A** ♡ **Spieler:in B**

Kreuze an, was du selbst tun würdest – und rate daneben, was Spieler:in A bei seinen/ihren Kombinationen machen würde.

1. Croissant mit Käse und Honig ☐ Sicher doch ☐ Absolut nicht	Eigene Wahl: .... Partnerwahl: ....
2. Pommes in Milchkaffee ☐ Mach ich sowieso ☐ Nur unter Zwang	Eigene Wahl: .... Partnerwahl: ....
3. Leberwurst auf Pfannkuchen ☐ Mut zur Wurst ☐ Ich gehe	Eigene Wahl: .... Partnerwahl: ....
4. Gekochtes Ei mit Erdnussbutter ☐ Da könnte was dran sein ☐ Mein Magen sagt nein	Eigene Wahl: .... Partnerwahl: ....
5. Lauwarme Banane mit Senf ☐ Ich probier alles einmal ☐ Außer das	Eigene Wahl: .... Partnerwahl: ....

Punkte Spieler:in B: .... von 5

Wer hat gewonnen?

♡ **Spieler:in A** ♡ **Spieler:in B**

SPIEL 18: SERIEN-DNA – WELCHER CHARAKTER PASST ZU DIR?

1. Einleitung

Man sagt: Zeig mir deine Lieblingsfigur – und ich sag dir, wer du bist.

Aber was, wenn du plötzlich vier schräge Seriencharaktere zur Auswahl bekommst und entscheiden musst: Wen würdest du verkörpern? Und noch spannender – was glaubt dein Gegenüber?

Denn seien wir ehrlich: Wir alle haben irgendwo einen Serien-Ego in uns. Die Frage ist nur – bist du eher der chaotische Detektiv, die clevere Intrigantin, das ahnungslose Genie oder der unterschätzte Sidekick?

2. Spielbeschreibung

So funktioniert es:

- Jede:r bekommt fünf Serien-Szenarien mit jeweils vier fiktiven Charakter-Typen zur Auswahl.
- Pro Szene wählst du den Charakter, der dir am ehesten entspricht.
- Gleichzeitig versuchst du zu erraten, welchen Charakter dein:e Partner:in jeweils für sich selbst wählt.
- Danach vergleicht ihr – und seht, wie gut ihr eure Serien-DNA kennt.

3. Bewertung

- 1 Punkt pro richtig erratenem Charakter des/der Partner:in
- Maximal 5 Punkte pro Person
- Wer mehr Punkte hat, bekommt 3 Spielpunkte, die andere Person 2
- Gleichstand: je 2,5 Punkte

Und los gehts......3....2...1

SPIEL 18: SERIEN-DNA – WELCHER CHARAKTER PASST ZU DIR?

1. Einleitung

Man sagt: Zeig mir deine Lieblingsfigur – und ich sag dir, wer du bist.

Aber was, wenn du plötzlich vier schräge Seriencharaktere zur Auswahl bekommst und entscheiden musst: Wen würdest du verkörpern? Und noch spannender – was glaubt dein Gegenüber?

Denn seien wir ehrlich: Wir alle haben irgendwo einen Serien-Ego in uns. Die Frage ist nur – bist du eher der chaotische Detektiv, die clevere Intrigantin, das ahnungslose Genie oder der unterschätzte Sidekick?

2. Spielbeschreibung

So funktioniert es:

- Jede:r bekommt fünf Serien-Szenarien mit jeweils vier fiktiven Charakter-Typen zur Auswahl.
- Pro Szene wählst du den Charakter, der dir am ehesten entspricht.
- Gleichzeitig versuchst du zu erraten, welchen Charakter dein:e Partner:in jeweils für sich selbst wählt.
- Danach vergleicht ihr – und seht, wie gut ihr eure Serien-DNA kennt.

3. Bewertung

- 1 Punkt pro richtig erratenem Charakter des/der Partner:in
- Maximal 5 Punkte pro Person
- Wer mehr Punkte hat, bekommt 3 Spielpunkte, die andere Person 2
- Gleichstand: je 2,5 Punkte

Und los gehts......3....2...1

Wähle jeweils den Charakter, der am besten zu dir passt – und rate, was Spieler:in B wählen würde.

1. Die Welt geht unter – du bist Teil eines Überlebenden-Teams. Wer bist du? ☐ A) Der zynische Arzt mit Alkoholproblem ☐ B) Die toughe Anführerin mit dunkler Vergangenheit ☐ C) Der tech-affine Nerd, der alles hackt ☐ D) Die stille Beobachterin mit messerscharfem Blick	Eigene Wahl: .... Partnerwahl: ....
2. Ihr seid Teil einer chaotischen WG in einer Sitcom. Wer bist du? ☐ A) Der charmante Tollpatsch mit Herz ☐ B) Die überdrehte Dramaqueen mit Faible für Listen ☐ C) Der ironische Einzelgänger mit Katzenhaarallergie ☐ D) Die organisierte, aber überforderte Macherin	Eigene Wahl: .... Partnerwahl: ....
3. Ihr lebt in einem historischen Königshaus. Wer bist du? ☐ A) Die stille Giftmischerin ☐ B) Der naiv-treue Diener ☐ C) Der verspielte Hofnarr mit düsterem Geheimnis ☐ D) Der Stratege, der immer zwei Schritte voraus ist	Eigene Wahl: .... Partnerwahl: ....
4. Es geht um einen Highschool-Neustart. Wer bist du? ☐ A) Die Rebellin mit dem geheimen Blog ☐ B) Der Außenseiter, der heimlich alles beobachtet ☐ C) Die Perfektionistin mit Glitzer-Terminplaner ☐ D) Der Klassenclown mit echten Selbstzweifeln	Eigene Wahl: .... Partnerwahl: ....
5. Ihr landet in einer Crime-Serie. Wer bist du? ☐ A) Die forensische Spurenjägerin ☐ B) Der kaputte Ermittler mit genialer Intuition ☐ C) Die eiskalte Chefin mit moralischer Grauzone ☐ D) Der Undercover-Typ, der ständig auffliegt	Eigene Wahl: .... Partnerwahl: ....

Punkte Spieler:in A: ...... von 5

Wer hat gewonnen?

♡ **Spieler:in A** ♡ **Spieler:in B**

Wähle jeweils den Charakter, der am besten zu dir passt – und rate, was Spieler:in A wählen würde.

1. Ihr strandet auf einem fremden Planeten. Wer bist du? ☐ A) Die hyperoptimistische Botanikerin, die mit Pflanzen spricht ☐ B) Der wortkarge Mechaniker mit Trauma und Taschenmesser ☐ C) Die Wissenschaftlerin, die lieber Daten liebt als Menschen ☐ D) Der panische Hypochonder, der alles überlebt	Eigene Wahl: .... Partnerwahl: ....
2. Ihr seid in einer Castingshow für ein absurdes TV-Format. Wer bist du? ☐ A) Der narzisstische Selbstdarsteller mit überraschendem Tiefgang ☐ B) Die stille Kandidatin, die heimlich das Team manipuliert ☐ C) Der hyperaktive Show-Mensch, der ständig singt ☐ D) Die Zynikerin, die nur fürs Preisgeld hier ist	Eigene Wahl: .... Partnerwahl: ....
3. Ihr seid Charaktere in einem Fantasy-Rollenspiel. Wer bist du? ☐ A) Die leicht aggressive Kriegerin mit Goldschatz-Fetisch ☐ B) Der tollpatschige Zauberlehrling mit Gedächtnisproblemen ☐ C) Die Heilerin, die lieber kämpft als heilt ☐ D) Der edle Ritter mit Kontrollzwang und Daddy-Issues	Eigene Wahl: .... Partnerwahl: ....
4. Ihr betreibt gemeinsam ein Café ☒ mit sehr schräger Kundschaft. Wer bist du? ☐ A) Die überfreundliche Bedienung, die zu viel Privates erzählt ☐ B) Der Barista mit dem gefährlich experimentellen Kaffeestil ☐ C) Die Chefin mit 45 To-do-Listen und einem Chill-Problem ☐ D) Der stille Stammgast, der nie bezahlt, aber alles weiß	Eigene Wahl: .... Partnerwahl: ....
5. Ihr spielt in einem absurden Werbespot. Wer bist du? ☐ A) Die übermotivierte Zahnpasta-Testerin mit Wutproblem ☐ B) Der charmante Typ, der für alles ein Lächeln verkauft ☐ C) Die skeptische Komparsin, die alles kommentiert ☐ D) Das sprechende Haustier ☒ mit eigener Meinung zu allem	Eigene Wahl: .... Partnerwahl: ....

Punkte Spieler:in B: ...... von 5

Wer hat gewonnen?

♡ **Spieler:in A** ♡ **Spieler:in B**

SPIEL 19: BEZIEHUNGSSTATISTIK – DATEN, FAKTEN, MISSVERSTÄNDNISSE

1. **Einleitung**

   Liebe ist ein Gefühl. Beziehung ist ein Abenteuer. Und trotzdem lässt sich alles in Zahlen ausdrücken – wenn man mutig (oder leichtsinnig) genug ist.

   Wie viele Wochen seid ihr schon zusammen? Wer hat öfter "Du hattest recht" gesagt? Und wie viele Male seid ihr gemeinsam eingeschlafen, während der Film noch lief?

   In diesem Spiel geht's um eure ganz persönlichen „Statistiken". Und darum, wer sie besser im Kopf hat – oder überzeugender lügt.

   Denn selbst in der Liebe gilt: **Zahl ist Macht.**

2. **Spielbeschreibung**

   So geht's:

   - Jede:r beantwortet 5 „Beziehungsstatistik-Fragen": z. B. „Wie oft haben wir uns im letzten Monat gestritten?"
   - Dann schätzt der/die Partner:in, **was der/die andere wohl antwortet** – keine objektive Wahrheit nötig, nur Übereinstimmung zählt!

   Ziel: Nicht die Realität zählt, sondern: Wie gut kennt ihr die Perspektive des anderen?

3. **Bewertung**

   - **1 Punkt pro Übereinstimmung (gleiche oder sehr ähnliche Zahl / Formulierung)**
   - **Maximal 5 Punkte pro Person**
   - **Person mit den meisten Treffern bekommt 3 Punkte,** die andere 2 Punkte
   - Gleichstand = je 2,5 Punkte

Und los gehts……3….2…1

SPIEL 19: BEZIEHUNGSSTATISTIK – DATEN, FAKTEN, MISSVERSTÄNDNISSE

1. **Einleitung**

   Liebe ist ein Gefühl. Beziehung ist ein Abenteuer. Und trotzdem lässt sich alles in Zahlen ausdrücken – wenn man mutig (oder leichtsinnig) genug ist.

   Wie viele Wochen seid ihr schon zusammen? Wer hat öfter "Du hattest recht" gesagt? Und wie viele Male seid ihr gemeinsam eingeschlafen, während der Film noch lief?

   In diesem Spiel geht's um eure ganz persönlichen „Statistiken". Und darum, wer sie besser im Kopf hat – oder überzeugender lügt.

   Denn selbst in der Liebe gilt: **Zahl ist Macht.**

2. **Spielbeschreibung**

   So geht's:

   - Jede:r beantwortet 5 „Beziehungsstatistik-Fragen": z. B. „Wie oft haben wir uns im letzten Monat gestritten?"
   - Dann schätzt der/die Partner:in, **was der/die andere wohl antwortet** – keine objektive Wahrheit nötig, nur Übereinstimmung zählt!

   Ziel: Nicht die Realität zählt, sondern: Wie gut kennt ihr die Perspektive des anderen?

3. **Bewertung**

   - **1 Punkt pro Übereinstimmung (gleiche oder sehr ähnliche Zahl / Formulierung)**
   - **Maximal 5 Punkte pro Person**
   - **Person mit den meisten Treffern bekommt 3 Punkte,** die andere 2 Punkte
   - Gleichstand = je 2,5 Punkte

Und los gehts......3....2...1

Deine Antwort (aus dem Bauch heraus):

1. Wie viele Wochen sind wir (ungefähr) zusammen?
   Meine Antwort: ....
2. Wie oft haben wir diesen Monat gemeinsam gekocht?
   Meine Antwort: ....
3. In wie vielen Filmen sind wir gemeinsam eingeschlafen?
   Meine Antwort: ....
4. Wie viele Socken von dir liegen gerade irgendwo rum?
   Meine Antwort: ....
5. Wie oft sagst du pro Woche: „Du hattest recht"?
   Meine Antwort: ....

Was denkt dein:e Partner:in, was du geantwortet hast?

1. Er/Sie denkt, du sagst: ....
2. Er/Sie glaubt, du würdest sagen: ....
3. Laut ihm/ihr wären es: ....
4. Seine/Ihre Vermutung: ....
5. Er/Sie tippt auf: ....

Wer hat gewonnen?

♡ **Spieler:in A** ♡ **Spieler:in B**

Deine Antwort (aus dem Bauch heraus):

1. Wie viele Wochen sind wir (ungefähr) zusammen?
   Meine Antwort: ....
2. Wie oft haben wir diesen Monat gemeinsam gekocht?
   Meine Antwort: ....
3. In wie vielen Filmen sind wir gemeinsam eingeschlafen?
   Meine Antwort: ....
4. Wie viele Socken von dir liegen gerade irgendwo rum?
   Meine Antwort: ....
5. Wie oft sagst du pro Woche: „Du hattest recht"?
   Meine Antwort: ....

Was denkt dein:e Partner:in, was du geantwortet hast?

1. Er/Sie denkt, du sagst: ....
2. Er/Sie glaubt, du würdest sagen: ....
3. Laut ihm/ihr wären es: ....
4. Seine/Ihre Vermutung: ....
5. Er/Sie tippt auf: ....

Wer hat gewonnen?

♡ **Spieler:in A** ♡ **Spieler:in B**

SPIEL 20: LÄNDER-LOGIK – WER LIEGT GEOGRAFISCH NÄHER?

1. **Kurze stilvolle Einleitung**

   Weltkarte im Kopf oder doch nur ein vages Gefühl für Himmelsrichtungen?

   In diesem Spiel zählt dein geographischer Instinkt – aber keine Sorge: Niemand muss Hauptstädte auswendig wissen oder Höhenmeter schätzen.

   Du bekommst jeweils zwei Orte zur Auswahl – und musst erraten, **welcher dieser Orte geografisch näher an einem dritten Referenzpunkt liegt.**

   Wer hat den besseren Kompass im Kopf?

2. **Spielbeschreibung**

   So funktioniert's:

   - Jede:r bekommt 5 geografische Duelle mit zwei Auswahlmöglichkeiten.
   - Die Frage lautet immer: „Welcher dieser beiden Orte liegt näher an [Referenzort]?"
   - Es stehen zwei Orte zur Auswahl. Nur einer liegt wirklich näher.
   - Einfach ankreuzen – wer richtig tippt, bekommt den Punkt.

   Hinweis: Das Spiel funktioniert komplett über Entfernungen in Luftlinie (nicht per Straße). Kein Googeln erlaubt.

3. **Bewertung**

   - 1 Punkt pro richtiger Antwort
   - Maximal 5 Punkte
   - Wer mehr Punkte hat, erhält 3 Duellpunkte
   - Bei Gleichstand: je 2,5 Punkte

Und los gehts……3….2…1

SPIEL 20: LÄNDER-LOGIK. – WER LIEGT GEOGRAFISCH NÄHER?

1. **Kurze stilvolle Einleitung**

   Weltkarte im Kopf oder doch nur ein vages Gefühl für Himmelsrichtungen?

   In diesem Spiel zählt dein geographischer Instinkt – aber keine Sorge: Niemand muss Hauptstädte auswendig wissen oder Höhenmeter schätzen.

   Du bekommst jeweils zwei Orte zur Auswahl – und musst erraten, **welcher dieser Orte geografisch näher an einem dritten Referenzpunkt liegt.**

   Wer hat den besseren Kompass im Kopf?

2. **Spielbeschreibung**

   So funktioniert's:

   - Jede:r bekommt 5 geografische Duelle mit zwei Auswahlmöglichkeiten.
   - Die Frage lautet immer: „Welcher dieser beiden Orte liegt näher an [Referenzort]?"
   - Es stehen zwei Orte zur Auswahl. Nur einer liegt wirklich näher.
   - Einfach ankreuzen – wer richtig tippt, bekommt den Punkt.

   Hinweis: Das Spiel funktioniert komplett über Entfernungen in Luftlinie (nicht per Straße). Kein Googeln erlaubt.

3. **Bewertung**

   - 1 Punkt pro richtiger Antwort
   - Maximal 5 Punkte
   - Wer mehr Punkte hat, erhält 3 Duellpunkte
   - Bei Gleichstand: je 2,5 Punkte

Und los gehts......3....2...1

Welcher Ort liegt näher? Kreuze die richtige Antwort an.

1. Näher an Paris:

☐ A) Brüssel ☐ B) München

Deine Antwort: ....

2. Näher an Tokio:

☐ A) Seoul ☐ B) Bangkok

Deine Antwort: ....

3. Näher an Kapstadt:

☐ A) Nairobi ☐ B) Johannesburg

Deine Antwort: ....

4. Näher an New York City:

☐ A) Toronto ☐ B) Los Angeles

Deine Antwort: ....

5. Näher an Rom:

☐ A) Athen ☐ B) Florenz

Deine Antwort: ....

Richtige Antworten: ...... /5

Die Lösungen findet ihr auf der nachfolgenden Seite.

Welcher Ort liegt näher? Kreuze die richtige Antwort an.

1. Näher an Sydney:

☐ A) Melbourne ☐ B) Perth

Deine Antwort: ....

2. Näher an London:

☐ A) Dublin ☐ B) Berlin

Deine Antwort: ....

3. Näher an Rio de Janeiro:

☐ A) Buenos Aires ☐ B) São Paulo

Deine Antwort: ....

4. Näher an Kairo:

☐ A) Istanbul ☐ B) Casablanca

Deine Antwort: ....

5. Näher an Helsinki:

☐ A) Stockholm ☐ B) Warschau

Deine Antwort: ....

Richtige Antworten: ....../5

Die Lösungen findet ihr auf der nachfolgenden Seite.

1. Näher an Paris:

A) Brüssel

(Brüssel: ca. 265 km / München: ca. 685 km)

2. Näher an Tokio:

A) Seoul

(Seoul: ca. 1.150 km / Bangkok: ca. 4.600 km)

3. Näher an Kapstadt:

B) Johannesburg

(Johannesburg: ca. 1.260 km / Nairobi: ca. 4.200 km)

4. Näher an New York City:

A) Toronto

(Toronto: ca. 550 km / Los Angeles: ca. 3.940 km)

5. Näher an Rom:

B) Florenz

(Florenz: ca. 230 km / Athen: ca. 1.050 km)

Wer hat gewonnen?

♡ **Spieler:in A** ♡ **Spieler:in B**

1. Näher an Sydney:

A) Melbourne

(Melbourne: ca. 715 km / Perth: ca. 3.300 km)

2. Näher an London:

A) Dublin

(Dublin: ca. 460 km / Berlin: ca. 930 km)

3. Näher an Rio de Janeiro:

B) São Paulo

(São Paulo: ca. 360 km / Buenos Aires: ca. 2.000 km)

4. Näher an Kairo:

A) Istanbul

(Istanbul: ca. 1.250 km / Casablanca: ca. 3.700 km)

5. Näher an Helsinki:

A) Stockholm

(Stockholm: ca. 400 km / Warschau: ca. 830 km)

Wer hat gewonnen?

♡ **Spieler:in A** ♡ **Spieler:in B**

SPIEL 21 : WER ERKENNT ZUERST DAS MOTIV?

1. Einleitung

Manchmal liegt die Wahrheit in den Zwischenräumen – oder besser: in den Linien, die ihr selbst zeichnet. In diesem Spiel verbindet ihr Punkte auf dem Papier, aber nicht einfach so zum Spaß: Es steckt ein Motiv dahinter. Wer zuerst erkennt, welches Bild entsteht, bekommt den Vorteil.

Es geht um genaues Hinsehen, räumliches Denken und einen guten Riecher für Bildlogik. Und natürlich um Geschwindigkeit – denn je früher du das Motiv erkennst, desto besser deine Chancen.

2. Spielbeschreibung

So funktioniert's:

- Jede:r bekommt ein Blatt mit einem Punktemuster (z. B. nummerierte Punkte zum Verbinden).
- Beginnt damit, die Punkte in der angegebenen Reihenfolge mit Linien zu verbinden.
- Versucht beim Zeichnen herauszufinden, welches Objekt, Tier oder Symbol dabei entsteht.
- Wer zuerst eine fundierte Vermutung abgibt, stoppt das Spiel für beide.
- Danach wird weiter verbunden – und aufgelöst.

Hinweis: Zeichnet trotzdem weiter bis zum Ende – es zählt nicht nur Schnelligkeit, sondern auch Richtigkeit.

3. Bewertung

- 3 Punkte für die Person, die das richtige Motiv zuerst errät
- 2 Punkte für die andere Person
- Bei beidseitigem Irrtum: beide erhalten 0 Punkte

Und los gehts......3....2...1

SPIEL 21 : WER ERKENNT ZUERST DAS MOTIV?

1. Einleitung

Manchmal liegt die Wahrheit in den Zwischenräumen – oder besser: in den Linien, die ihr selbst zeichnet. In diesem Spiel verbindet ihr Punkte auf dem Papier, aber nicht einfach so zum Spaß: Es steckt ein Motiv dahinter. Wer zuerst erkennt, welches Bild entsteht, bekommt den Vorteil.

Es geht um genaues Hinsehen, räumliches Denken und einen guten Riecher für Bildlogik. Und natürlich um Geschwindigkeit – denn je früher du das Motiv erkennst, desto besser deine Chancen.

2. Spielbeschreibung

So funktioniert's:

- Jede:r bekommt ein Blatt mit einem Punktemuster (z. B. nummerierte Punkte zum Verbinden).
- Beginnt damit, die Punkte in der angegebenen Reihenfolge mit Linien zu verbinden.
- Versucht beim Zeichnen herauszufinden, welches Objekt, Tier oder Symbol dabei entsteht.
- Wer zuerst eine fundierte Vermutung abgibt, stoppt das Spiel für beide.
- Danach wird weiter verbunden – und aufgelöst.

Hinweis: Zeichnet trotzdem weiter bis zum Ende – es zählt nicht nur Schnelligkeit, sondern auch Richtigkeit.

3. Bewertung

- 3 Punkte für die Person, die das richtige Motiv zuerst errät
- 2 Punkte für die andere Person
- Bei beidseitigem Irrtum: beide erhalten 0 Punkte

Und los gehts......3....2...1

Verbinde die Punkte in der angegebenen Reihenfolge.
Rufe deine Vermutung laut aus, wenn du ein Motiv erkennst.

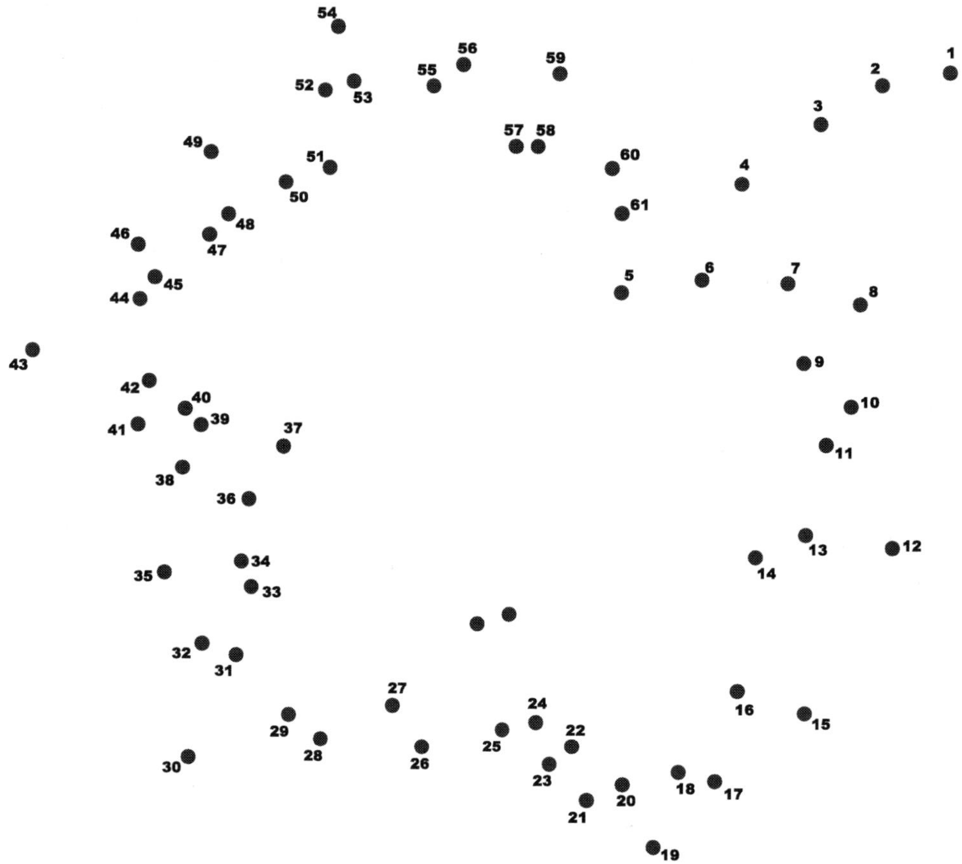

Notiere deine Vermutung:

....

Wer hat gewonnen?

♡ Spieler:in A ♡ Spieler:in B

Verbinde die Punkte in der angegebenen Reihenfolge. Rufe deine Vermutung laut aus, wenn du ein Motiv erkennst.

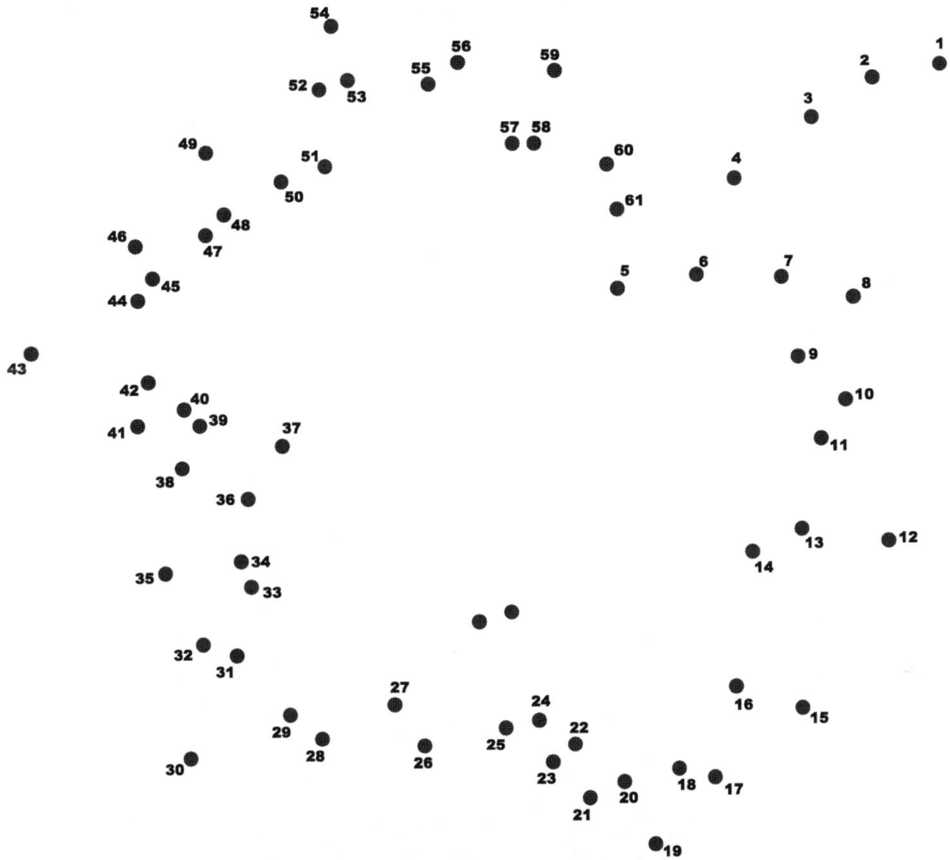

Notiere deine Vermutung:

Wer hat gewonnen?

♡ Spieler:in A ♡ Spieler:in B

SPIEL 22 : DUELL IM LABYRINTH – ZEICHNE DEINEN AUSWEG

1. Einleitung

Die Tür ist verschlossen. Der einzige Weg nach draußen führt durch ein tückisches Labyrinth – und dein Partner oder deine Partnerin steckt im exakt selben Dilemma.

Nur dass ihr beide nicht gemeinsam flieht, sondern gegeneinander.

Denn während du hektisch versuchst, den richtigen Pfad zu finden, ist dein Gegenüber vielleicht schon zwei Schritte voraus.

Nur eine Linie, nur ein Ziel: der Ausgang. Und keine Zeit für Umwege.

2. Spielbeschreibung

So funktioniert's:

- Jede:r erhält ein identisches, aber leicht versetzt gedrehtes Labyrinth auf seiner Seite.
- Ziel ist es, mit einem Stift den kürzesten Weg vom „Startpunkt" bis zum „Ziel" zu finden – ohne in eine Sackgasse zu geraten.
- Ihr dürft nur eine Linie ziehen – keine Hilfslinien, kein Radieren, kein Zurück.
- Die Labyrinthe sind so gestaltet, dass es nur eine eindeutige Lösung gibt.
- Danach wird die Zeit gemessen (oder Startzeit notiert), wer zuerst fertig wird – **aber**: Wer einen Fehler macht, ist disqualifiziert.

3. Bewertung

- Wer als Erstes korrekt am Ziel ankommt, erhält 3 Duellpunkte
- Wer langsamer ist oder sich verirrt, erhält 2 Punkte (wenn korrekt gelöst)
- Bei Fehler (z. B. Wand durchbrochen, falscher Weg): 0 Punkte
- Bei Gleichstand: beide 2,5 Punkte

Und los gehts……3….2…1

SPIEL 22 : DUELL IM LABYRINTH – ZEICHNE DEINEN AUSWEG

1. **Einleitung**

Die Tür ist verschlossen. Der einzige Weg nach draußen führt durch ein tückisches Labyrinth – und dein Partner oder deine Partnerin steckt im exakt selben Dilemma.

Nur dass ihr beide nicht gemeinsam flieht, sondern gegeneinander.

Denn während du hektisch versuchst, den richtigen Pfad zu finden, ist dein Gegenüber vielleicht schon zwei Schritte voraus.

Nur eine Linie, nur ein Ziel: der Ausgang. Und keine Zeit für Umwege.

2. **Spielbeschreibung**

So funktioniert's:

- Jede:r erhält ein identisches, aber leicht versetzt gedrehtes Labyrinth auf seiner Seite.
- Ziel ist es, mit einem Stift den kürzesten Weg vom „Startpunkt" bis zum „Ziel" zu finden – ohne in eine Sackgasse zu geraten.
- Ihr dürft nur eine Linie ziehen – keine Hilfslinien, kein Radieren, kein Zurück.
- Die Labyrinthe sind so gestaltet, dass es nur eine eindeutige Lösung gibt.
- Danach wird die Zeit gemessen (oder Startzeit notiert), wer zuerst fertig wird – **aber**: Wer einen Fehler macht, ist disqualifiziert.

3. **Bewertung**

- Wer als Erstes korrekt am Ziel ankommt, erhält 3 Duellpunkte
- Wer langsamer ist oder sich verirrt, erhält 2 Punkte (wenn korrekt gelöst)
- Bei Fehler (z. B. Wand durchbrochen, falscher Weg): 0 Punkte
- Bei Gleichstand: beide 2,5 Punkte

Und los gehts......3....2...1

Wer hat gewonnen?

♡ Spieler:in A ♡ Spieler:in B

Wer hat gewonnen?

♡ Spieler:in A ♡ Spieler:in B

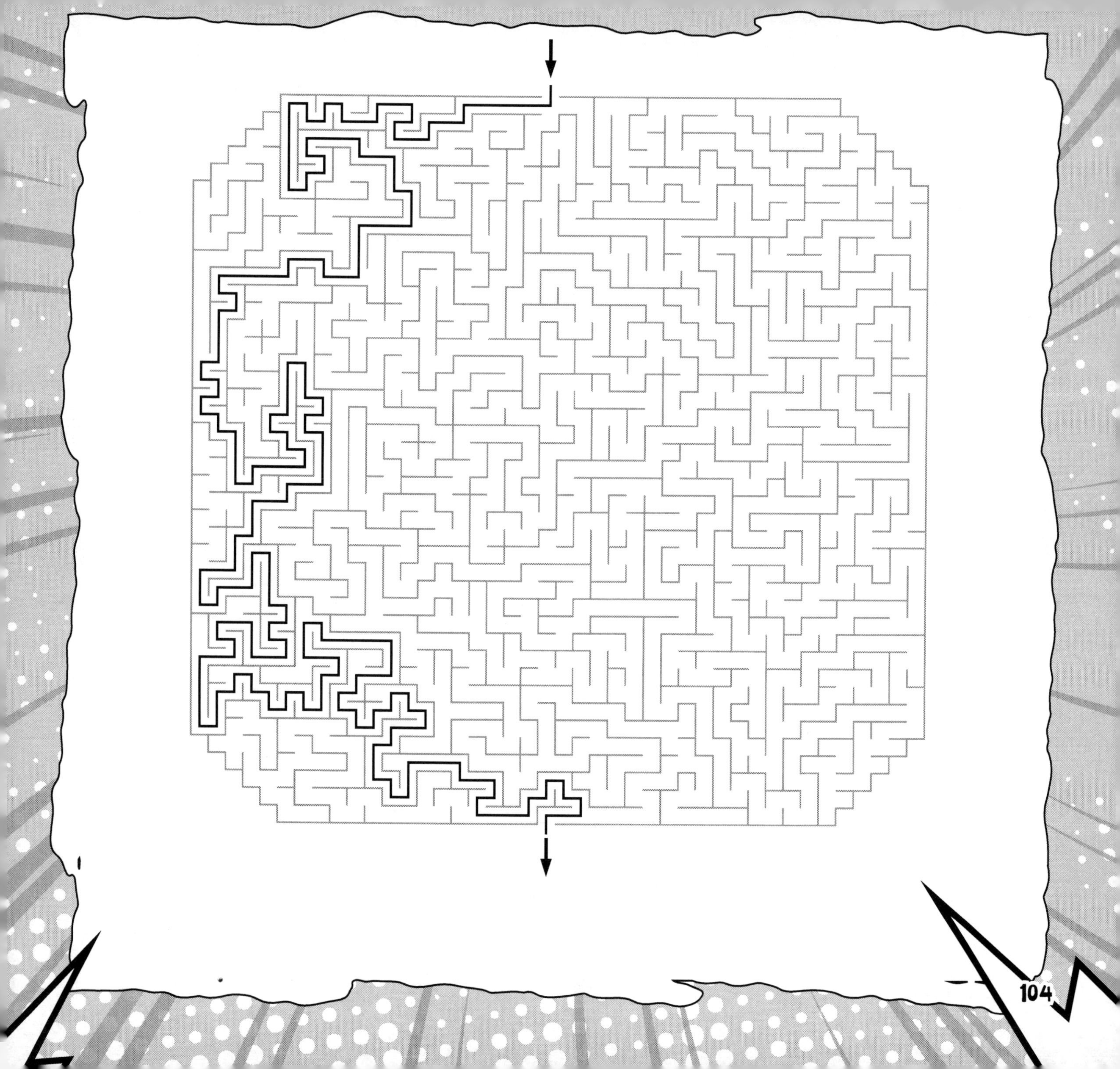

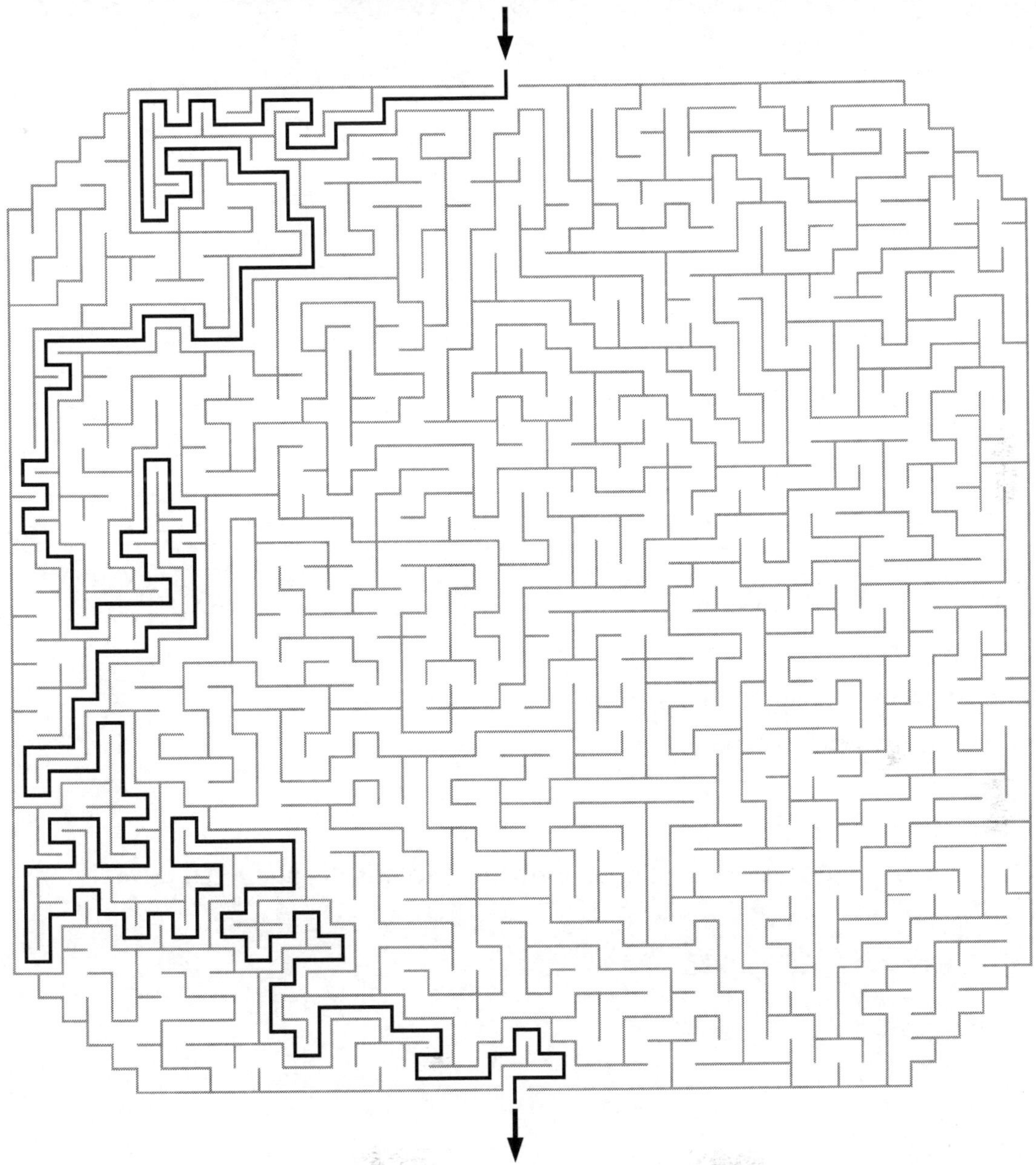

SPIEL 23: STREICHHOLZ-MAGIE

1. Einleitung

Manchmal braucht es keine Hightech, keine Codes, keine doppelten Böden – sondern nur: Streichhölzer, Logik und eine Prise Wahnsinn.

Dieses Rätsel treibt Gehirnzellen in die Flucht. Und das, obwohl die Lösung ganz einfach aussieht. Fast.

2. Spielbeschreibung

Ihr seht eine Figur aus Streichhölzern, die auf dem Papier abgebildet ist (rechteckige Kombination).

Die Aufgabe lautet:

Entferne genau 3 Streichhölzer, sodass genau 3 identische Rechtecke übrig bleiben.

Hinweis:

- Du darfst nichts verschieben.
- Nur entfernen.
- Alle Rechtecke müssen identisch in Form und Größe sein.
- Keine Linien doppelt verwenden.

3. Bewertung

- Jede:r hat **nur einen Versuch**, die 3 richtigen Hölzer durchzustreichen
- Wer schneller ist und die korrekte Lösung trifft, erhält **3 Punkte**
- Der verlierer erhält **2 Punkte**

Und los gehts……3….2…1

SPIEL 23: STREICHHOLZ-MAGIE

1. **Einleitung**

   Manchmal braucht es keine Hightech, keine Codes, keine doppelten Böden – sondern nur: Streichhölzer, Logik und eine Prise Wahnsinn.

   Dieses Rätsel treibt Gehirnzellen in die Flucht. Und das, obwohl die Lösung ganz einfach aussieht. Fast.

2. **Spielbeschreibung**

   Ihr seht eine Figur aus Streichhölzern, die auf dem Papier abgebildet ist (rechteckige Kombination).

   Die Aufgabe lautet:

   Entferne genau 3 Streichhölzer, sodass genau 3 identische Rechtecke übrig bleiben.

   Hinweis:

   - Du darfst nichts verschieben.
   - Nur entfernen.
   - Alle Rechtecke müssen identisch in Form und Größe sein.
   - Keine Linien doppelt verwenden.

3. **Bewertung**

   - Jede:r hat **nur einen Versuch**, die 3 richtigen Hölzer durchzustreichen
   - Wer schneller ist und die korrekte Lösung trifft, erhält **3 Punkte**
   - Der verlierer erhält **2 Punkte**

   Und los gehts……3….2…1

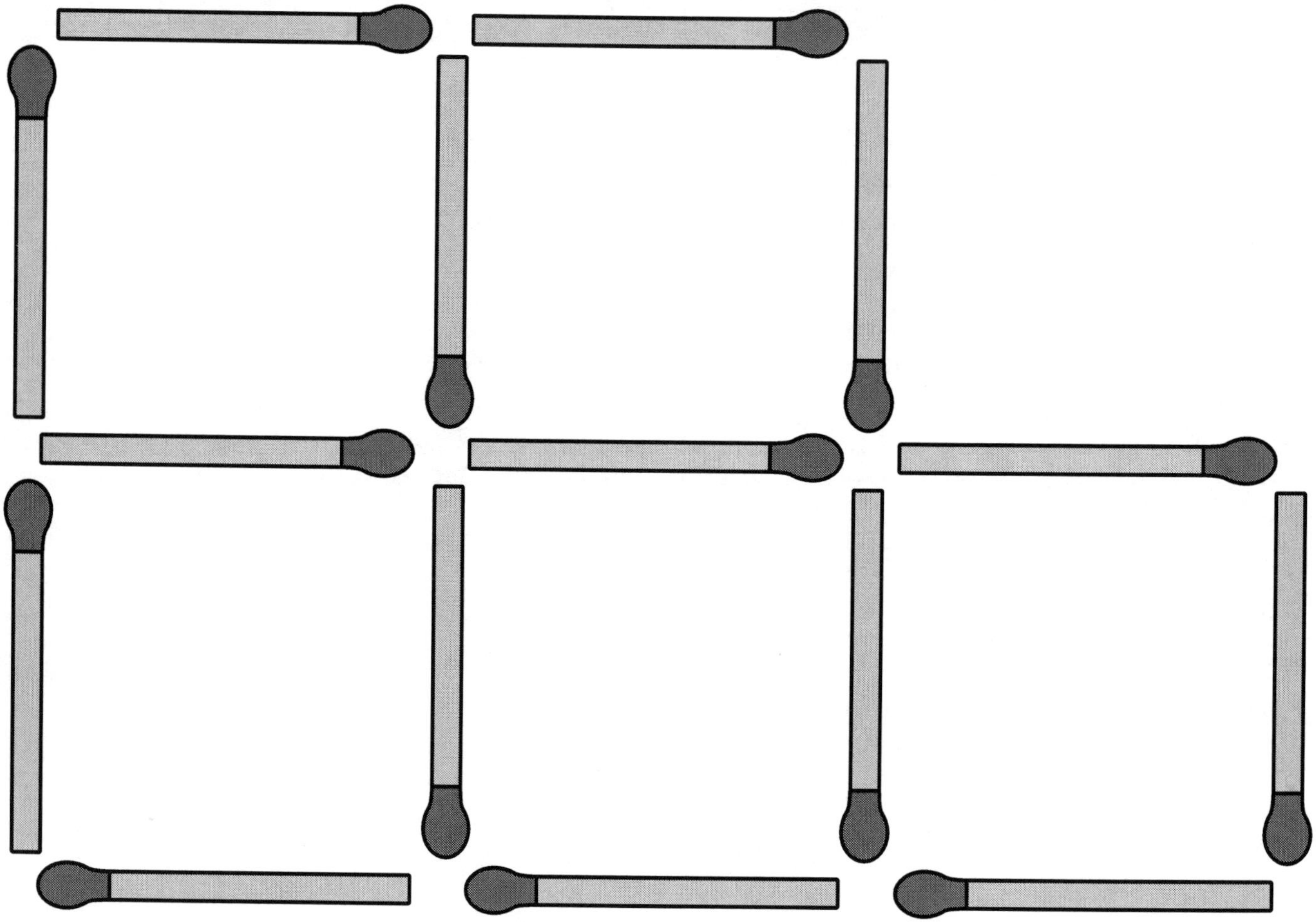

Die Lösunge findet ihr auf der nachfolgenden Seite.

Wer hat gewonnen?

♡ **Spieler:in A** ♡ **Spieler:in B**

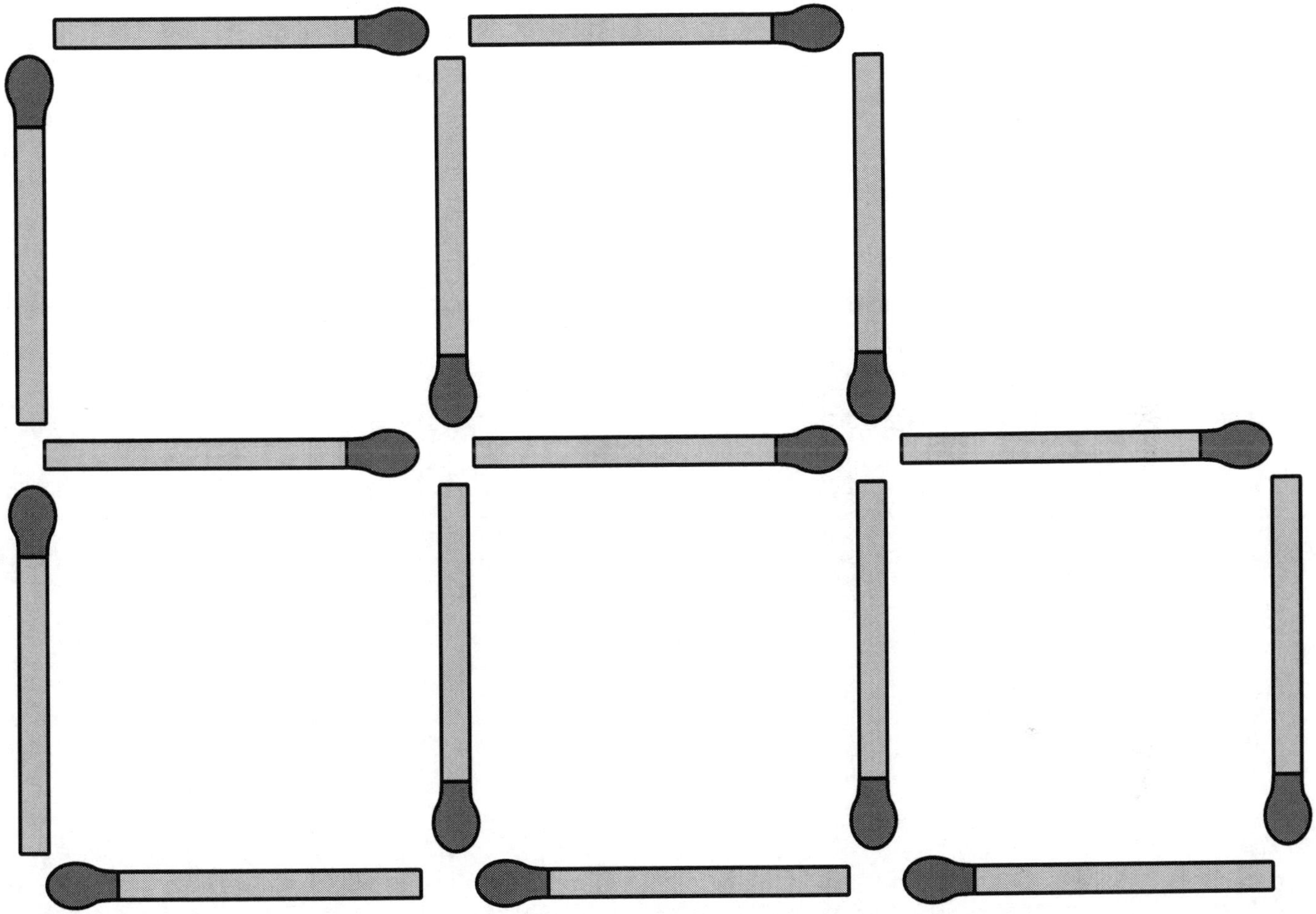

Die Lösunge findet ihr auf der nachfolgenden Seite.

Wer hat gewonnen?

♡ **Spieler:in A** ♡ **Spieler:in B**

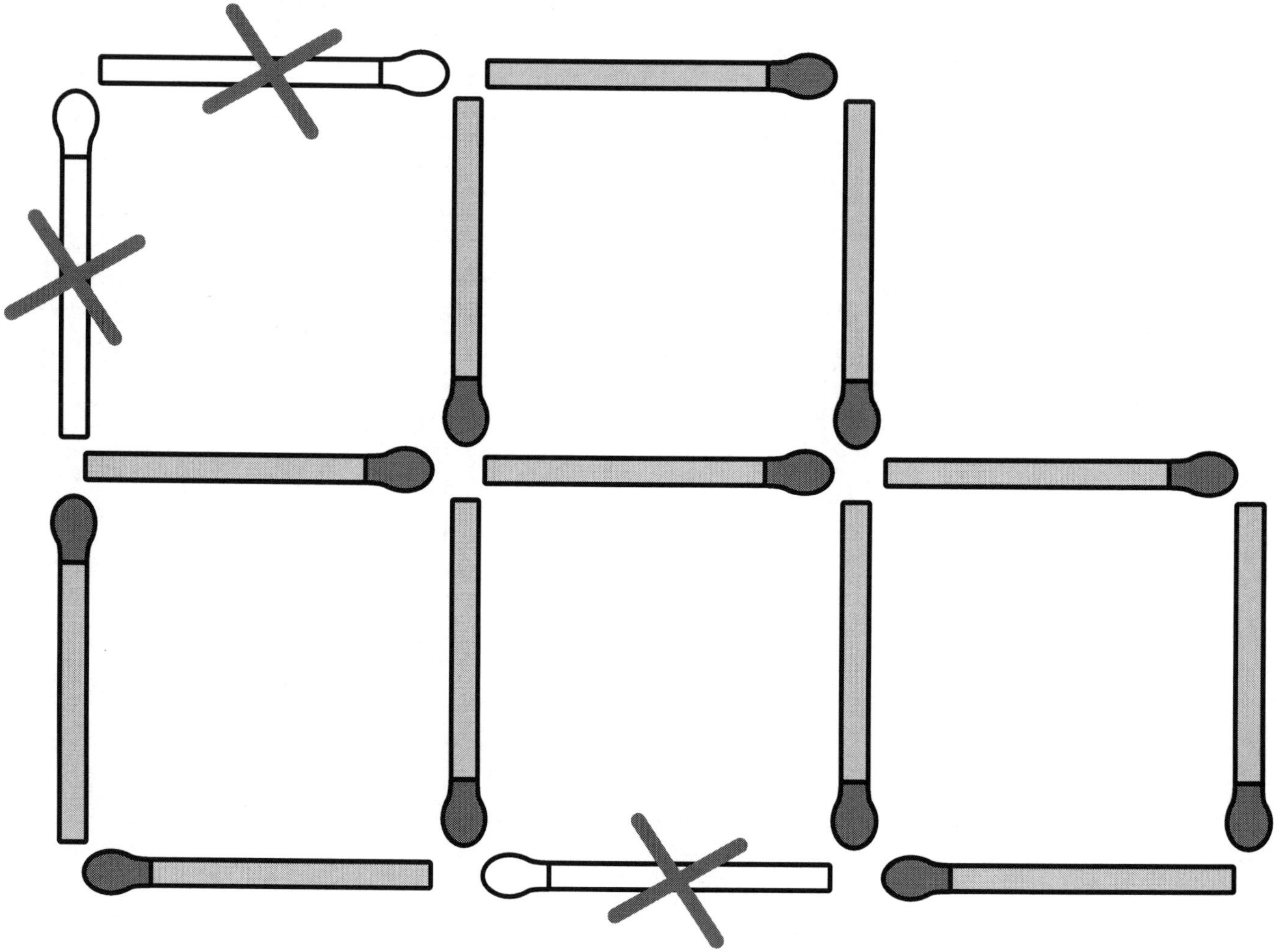

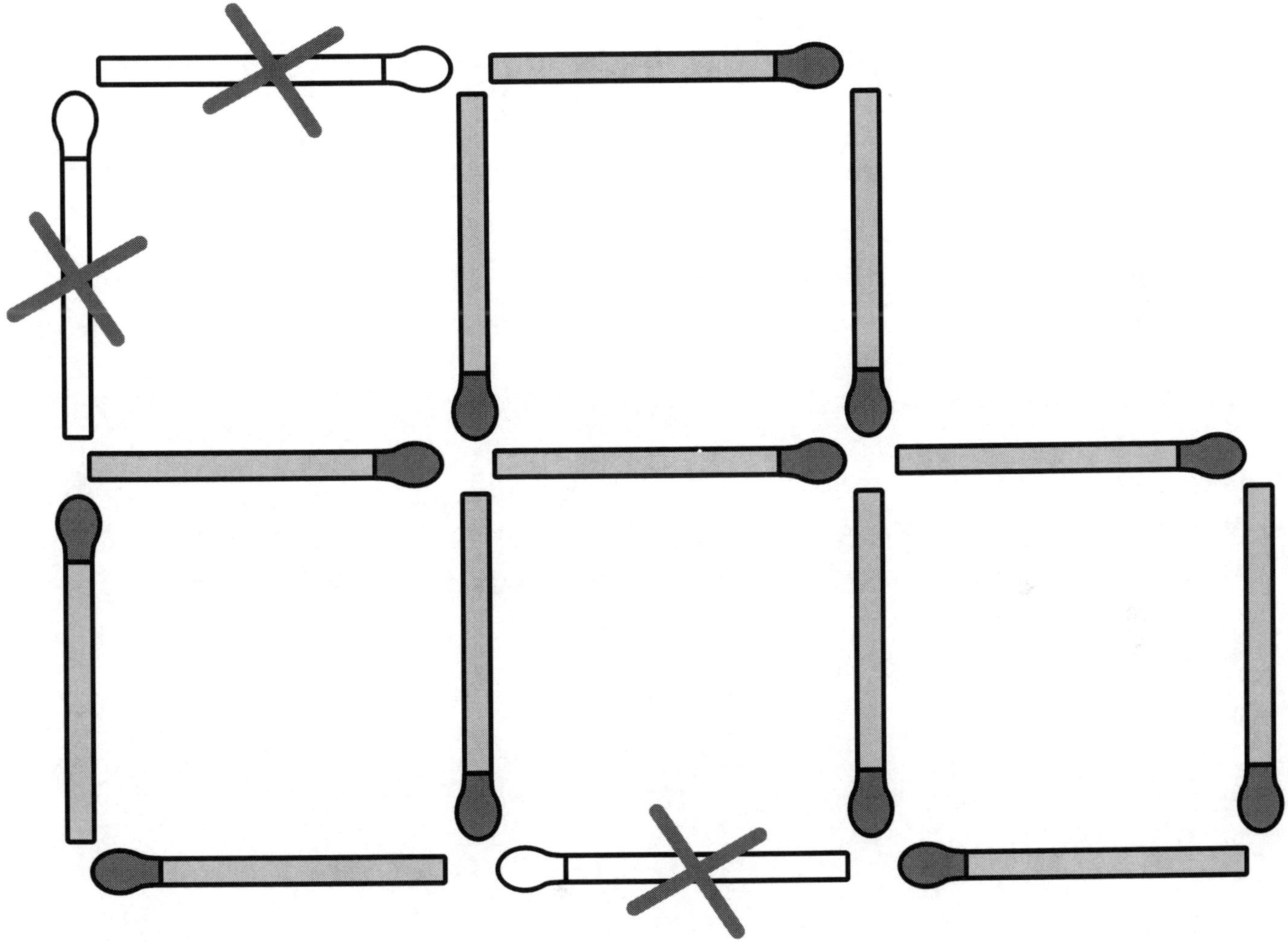

SPIEL 24: SCHAU GENAU!

1. Einleitung

Wer behauptet, dich genau zu beobachten, sollte dieses Spiel gewinnen.

Denn was auf den ersten Blick völlig normal aussieht, ist in Wahrheit eine visuelle Sabotage.

Zwischen Symmetrie und Chaos, Alltagsidylle und Wimmelwelt verstecken sich **10 Fehler** – findest du sie alle, bevor dein Lieblingsmensch es tut?

2. Spielbeschreibung

- Beide Spieler:innen bekommen **das gleiche Bild**
- Doch darin verbergen sich **genau 10 visuelle Fehler** – Dinge, die **nicht logisch, falsch, doppelt oder verdreht** sind.
- Ziel: **Alle 10 Fehler markieren** (mit Stift einkreisen).

3. Bewertung

- **1 Punkt pro korrekt entdecktem Fehler**
- Wer schneller ist und **mehr Fehler richtig findet**, erhält **3 Spielpunkte,** der/die andere **2 Punkte**
- Bei Gleichstand: beide **2,5 Punkte**

Und los gehts......3....2...1

SPIEL 24: SCHAU GENAU!

1. Einleitung

Wer behauptet, dich genau zu beobachten, sollte dieses Spiel gewinnen.

Denn was auf den ersten Blick völlig normal aussieht, ist in Wahrheit eine visuelle Sabotage.

Zwischen Symmetrie und Chaos, Alltagsidylle und Wimmelwelt verstecken sich **10 Fehler** – findest du sie alle, bevor dein Lieblingsmensch es tut?

2. Spielbeschreibung

- Beide Spieler:innen bekommen **das gleiche Bild**
- Doch darin verbergen sich **genau 10 visuelle Fehler** – Dinge, die **nicht logisch, falsch, doppelt oder verdreht** sind.
- Ziel: **Alle 10 Fehler markieren** (mit Stift einkreisen).

3. Bewertung

- **1 Punkt pro korrekt entdecktem Fehler**
- Wer schneller ist und **mehr Fehler richtig findet**, erhält **3 Spielpunkte,** der/die andere **2 Punkte**
- Bei Gleichstand: beide **2,5 Punkte**

Und los gehts……3….2…1

Die Lösungen findet ihr auf der nachfolgenden Seite.

Wer hat gewonnen?

♡ **Spieler:in A** ♡ **Spieler:in B**

Die Lösungen findet ihr auf der nachfolgenden Seite.

Wer hat gewonnen?

♡ **Spieler:in A** ♡ **Spieler:in B**

Das war's ... fast!

Ihr habt euch durch zahlreiche Spiele gekämpft, geraten, gezeichnet, gelacht, geblufft, geknutscht und wahrscheinlich auch diskutiert. Ob mit einem Punkt Vorsprung oder einem Unentschieden – wenn ihr bis hierhin gekommen seid, dann habt ihr schon gewonnen.

Nicht nur das Spiel. Sondern: einander. Wieder ein bisschen mehr.

Denn das war die eigentliche Idee dieses Buchs: euch zwei nicht nur an einen Tisch zu bringen, sondern mitten ins Gespräch, mitten ins Lachen, mitten in die verrückte Welt des Miteinanders.

Und falls ihr jetzt denkt:

„War das alles?"

Dann können wir nur sagen: **Noch nicht.**

Denn ihr könnt jederzeit zurückblättern. Revanche fordern. Punkte nachzählen. Neue Regeln erfinden. Und vielleicht – ganz vielleicht – auch euer eigenes Spiel gestalten.

Impressum

Deutschsprachige Erstausgabe Juni 2025

Ali Sayad
Horner Weg 39
20535 Hamburg
hello.dayasila@gmail.com

ISBN: 978-3-949991-42-4

Printed in Poland
by Amazon Fulfillment
Poland Sp. z o.o., Wrocław

52932164R00070